Rodolfo Castillo Morales

Die Orofaziale Regulationstherapie

FACHBUCHREIHE KRANKENGYMNASTIK
Physikalische Therapie – Prävention – Rehabilitation
Herausgeberin: Anneliese tum Suden-Weickmann

RODOLFO CASTILLO MORALES

unter Mitarbeit von Juan José Brondo und Barbara Haberstock

Die Orofaziale Regulationstherapie

Pflaum Verlag München

Dr. Rodolfo Castillo Morales, Rehabilitationsarzt, Leiter des Centro Modelo de Reeducación, Cordoba, Argentinien

Dr. Juan José Brondo, Rehabilitationsarzt, Centro Modelo de Reeducación, Cordoba, Argentinien

Dr. Gustavo Oviedo, Zahnarzt, Cordoba, Argentinien

Barbara Haberstock, Krankengymnastin, Behandlungs- und Beratungszentrum der Hessing-Stiftung, Augsburg

CIP-Titelaufnahme der Deutschen Bibliothek

Castillo Morales, Rodolfo:
Die Orofaziale Regulationstherapie / Rodolfo Castillo Morales
unter Mitarb. von Juan José Brondo u. Barbara Haberstock. –
München : Pflaum, 1991
(Fachbuchreihe Krankengymnastik)

ISBN 3-7905-0575-7

Satz und Verarbeitung: Pustet, Regensburg
Druck: Pflaum, München

Für meine Schwestern Celina und Margarita,
die beide ein behindertes Kind aufzogen:
Ich habe sie für
ihre Kinder mit Liebe und Hingabe kämpfen sehen.
Es waren besondere Kinder.
Von ihnen lernte ich sehr viel.
Eines der Kinder wanderte auf einen anderen Stern.
Das andere – auf dem Weg zur Selbstverwirklichung –
hat sein Studium mit Erfolg abgeschlossen.

Rodolfo Castillo Morales

Zum Titelbild

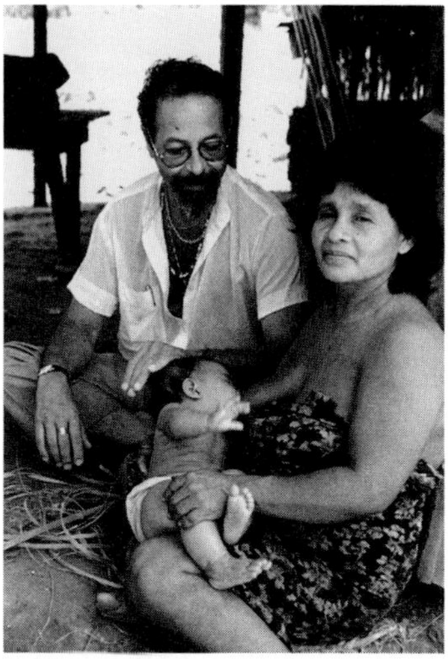

Dr. Castillo Morales beschäftigt sich seit vielen Jahren mit dem Leben der Eingeborenen Lateinamerikas. Er lebte mehrmals einige Wochen mit verschiedenen Eingeborenenstämmen zusammen. Die Erfahrungen, die er mit diesen Menschen machte, prägten sein Leben und beeinflußten die Entwicklung seiner Therapiekonzepte.
Die Eingeborenen haben eine erdgebundene Philosophie: Die Erde schenkt dem Menschen das Leben, und die Erde nimmt es auch wieder zurück. Die zentrale Bedeutung der Erde schlägt sich in ihrer Lebenseinstellung nieder, sowohl im Hinblick auf die Beziehung zur Natur (und die Auseinandersetzung mit den Gegebenheiten der Natur), als auch auf die Beziehungen der Menschen untereinander und die Erziehung der Kinder. Die Eingeborenen verfügen über eine große Aufnahmebereitschaft und Beobachtungsgabe. Die Tugend der Geduld befähigt sie zu warten, zu beobachten, sich und den anderen Zeit und Raum zur Entwicklung zu geben, Möglichkeiten und Schwierigkeiten des anderen wahrzunehmen. So entsteht eine Gemeinschaft, in der sich alle Mitglieder gegenseitig respektieren und annehmen. Diese Gemeinschaft trägt auch Menschen mit Problemen.
Die Eingeborenen verbringen die meiste Zeit in einer am Boden sitzenden Haltung, einerseits um der Mutter Erde näher zu sein, andererseits um mit den Kindern in gleicher Augenhöhe zu sein und sie als gleichgroße, gleichwertige Wesen zu behandeln. Die Mütter widmen sich besonders im ersten Lebensjahr ganz ihren Kindern und tragen sie fast ständig bei sich. Durch den engen Körperkontakt, das Stillen und das Tragen auf dem Rücken werden alle Körpersinne angeregt und die Urbedürfnisse des Kindes befriedigt. Dem Kind wird das Vertrauen, die körperliche und psychische Sicherheit gegeben, für ein – wie es die Eingeborenen ausdrücken – LEBEN IN FREIHEIT.

Barbara Haberstock

Inhalt

Zum Geleit

Anläßlich einer Vortragsreise 1976 in Argentinien lernte ich das Centro Modelo de Reeducación und Dr. med. Rodolfo Castillo Morales in Cordoba kennen. Ich erkannte spontan, daß die von ihm angewandten therapeutischen Methoden in Europa unbekannt waren. Sie imponierten so, daß ich alles daran setzte, seine Methoden über das Kinderzentrum München nach Europa zu transferieren.
Im Laufe der Jahre wurde das Castillo Morales-Konzept – d. h. die Neuromotorische Entwicklungstherapie sowie die Orofaziale Regulationstherapie – weiter ausgebaut und differenzierter gestaltet. Zunächst nur im Kinderzentrum München, dann auch an anderen Orten, wurden und werden Kurse für Rehabilitations-Fachkräfte durchgeführt und die therapeutischen Verfahren mit Erfolg angewandt.
Stets habe ich den Wunsch geäußert, Dr. Castillo Morales möchte die Orofaziale Regulationstherapie in einem Buch darstellen. Dies ist nunmehr geschehen, und ich freue mich, daß auf diese Weise allen Fachkräften der Behindertenhilfe, die sich mit Orofazialer Regulationstherapie beschäftigen müssen, dieses Konzept in Form eines Buches an die Hand gegeben werden kann. Ich bin sicher, daß dieses Buch im Rahmen der Behindertenhilfe in unserem Land vielfältige Anregungen und Hilfen geben wird.
So danke ich Dr. Castillo Morales in alter Verbundenheit und wünsche dem Buch eine weite Verbreitung.

München, 1990

Professor Dr. Dr. h. c. Theodor Hellbrügge

Dr. Rodolfo Castillo Morales ist eine der wenigen Persönlichkeiten, die ihre Fähigkeiten auf allen Bereichen medizinischer Tätigkeit unter Beweis stellen können:

- als Forscher,
- als Untersucher und Behandler,
- als Lehrer.

Als Forscher zeigt er uns, daß die Entwicklung seiner Behandlungskonzepte immer am Patienten orientiert ist; als Untersucher und Behandler lehrt er uns, den Patienten mit allen Aspekten seiner Persönlichkeit zu respektieren; als Lehrer macht er uns deutlich, wie viel er selbst von seinen Patienten gelernt hat und immer noch lernt.

In den vergangenen Jahren hatte ich das Glück – und das Vergnügen – Dr. Castillo Morales in diesen drei Bereichen zu erleben. Immer wieder fasziniert mich die Ernsthaftigkeit, mit der er sich mit der individuellen Problematik eines Kindes auseinandersetzt, die Kompetenz, mit der er sich mit den verschiedensten Behandlungskonzepten beschäftigt, und auch die Toleranz in der Diskussion mit anderen.

Dr. Castillo Morales hat in Dr. Juan Brondo einen fähigen Partner gefunden, der seit einigen Jahren auch an den Kursen in Deutschland mitarbeitet. Mit seinem Wissen um anatomisch-physiologische Zusammenhänge und seiner Genauigkeit in der Strukturierung und Darstellung trägt er dazu bei, die »Behandlungskonzepte nach Castillo Morales« zu untermauern und zu lehren.

Die Krankengymnastin und Bobath-Lehrtherapeutin Barbara Haberstock war zwei Jahre im Centro Modelo de Reeducación in Cordoba tätig und hatte somit Gelegenheit, die dort entwickelten Behandlungskonzepte intensiv kennenzulernen. Seither arbeitet sie mit Dr. Castillo Morales und Dr. Brondo zusammen. Sie organisiert weitgehend die in Deutschland durchgeführten Fortbildungsveranstaltungen, wirkt dabei fachlich mit und übersetzt sowohl Artikel als auch Vorlesungen aus dem Spanischen ins Deutsche. Durch ihre vielseitigen Kenntnisse und ihre didaktischen Fähigkeiten hat sie einen großen Anteil an der Weiterverbreitung der Konzepte.

Zusammen legen sie nun dieses Buch über die »Orofaziale Regulationstherapie« vor. Befundaufnahme und Behandlungsmöglichkeiten werden detailliert dargestellt und mit zahlreichen Bildern anschaulich gemacht. Damit wird dem Wunsch vieler Therapeuten entsprochen, die schon an einem Kursus zum gleichen Thema teilgenommen haben, oder anderer, die sich darauf vorbereiten möchten. Es ist ein Buch zum Lernen – und ist durchdrungen von dem, was uns die Verfasser zusätzlich lehren möchten: die Liebe zum Patienten und insbesondere zum Kind.

Helga Treml-Sieder

Leiterin des Behandlungs- und Beratungszentrums der Hessing-Stiftung Augsburg

Vorwort

Rehabilitation – Wiederherstellung. Wenn wir uns mit diesem Begriff auseinandersetzen, stoßen wir auf eine unglaubliche Anzahl von Worten und Gefühlen. Er bedeutet, zurückzufinden zu Dingen, die im Moment nicht sind, aber schon einmal vorhanden waren. Er bedeutet, durch Hilfestellungen eine Funktion wieder zu ermöglichen, sie zurückzugeben. Er bedeutet auch, einen gemeinsamen Weg zu gehen, vielleicht über viele Jahre hinweg oder das ganze Leben. Wir als Fachleute wollen unterstützen, was hilfreich ist und zurückhalten, was dem anderen Schaden zufügen könnte. Wie schwierig erweist es sich, nicht etwas aufzwingen oder den anderen bevormunden zu wollen. Besonders schwer ist es, Eltern eines behinderten Kindes zu erklären, daß dieses kleine Wesen, in dem ihre ganzen Illusionen liegen, »anders« ist. Es lohnt sich, für dieses Leben zu kämpfen und dafür, daß es menschenwürdig geführt werden kann. Am schlimmsten ist es jedoch, wenn wir Eltern sagen müssen, daß wir nicht heilen können, daß wir nur versuchen können zu helfen und beizustehen und daß wir diese Aufgabe gemeinsam mit ihnen angehen wollen.

In diesem Buch beschreiben wir die Orofaziale Regulationstherapie. Wie viele medizinische Konzepte und Techniken läßt sich ihre Anwendung jedoch nicht ausschließlich durch das Lesen von Texten und das Betrachten von Bildern lernen. Mindestens ebenso wichtig ist die praktische Einführung, die Demonstration, das eigene Ausprobieren unter Anleitung. Daher verstehen wir dieses Buch auch als Begleitmaterial zu den mehrwöchigen Kursen über Orofaziale Regulationstherapie.

Daß dieses Buch entstehen konnte, verdanke ich vielen Menschen, für die ich mehr empfinde als das, was ich mit Worten ausdrücken kann. Von all den vielen, die mich auf meinem Weg begleiteten, können hier nur einige wenige genannt werden, da sonst ein ganzes Buchkapitel angefügt werden müßte.

Mein erster Dank gilt denjenigen, die mich schon in meiner Kindheit das Beobachten lehrten, sodann meinen Lehrern in Argentinien und Spanien, die mir die Möglichkeit gaben, die Welt der Rehabilitation kennenzulernen, und

schließlich meinen Kollegen, die meine Arbeit unterstützen und viele Ideen dazu beitrugen.
Einige Menschen möchte ich besonders erwähnen. Als erstes Johann und Carola Bloss, denen es zu verdanken ist, daß meine Behandlungskonzepte mit Hilfe von Herrn Prof. Dr. Hellbrügge weiterentwickelt werden konnten. Prof. Dr. Hellbrügge bot mir die wissenschaftliche und menschliche Unterstützung, die erforderlich war, um in Deutschland arbeiten und lehren zu können. Durch ihn kam es auch zu einem regen Fachaustausch und einer freundschaftlichen Beziehung zu Dr. Vojta und seinem Team und vielen anderen Kollegen im Kinderzentrum München.
Meinen tiefsten Dank möchte ich an Dr. Juan José Brondo und Barbara Haberstock aussprechen, zwei Kollegen und Freunde, die mich schon seit langer Zeit begleiten.

Schon vor vielen Jahren gaben mir Dr. Berta und Dr. Karel Bobath mit ihrem Konzept eine Basis für meine weitere Arbeit, was durch die Unterstützung von Helga Treml-Sieder vom Behandlungszentrum der Hessing-Stiftung in Augsburg noch verfestigt wurde.
Ganz herzlich möchte ich allen Eltern danken, die ihr Vertrauen in mich setzten, das Beste für ihre Kinder zu tun – doch im gleichen Atemzug möchte ich mich bei diesen Kindern entschuldigen, daß ich ihnen nicht immer all das geben konnte, was für sie nötig gewesen wäre.
Mein letzter und ganz besonderer Dank gilt meinem Sohn Thomi, der mich lehrt, daß das Leben nicht nur aus Beruf besteht!

Rodolfo Castillo Morales

I. Einleitung

Als wir vor etwa drei Jahrzehnten in Cordoba/Argentinien mit der Rehabilitation begannen, waren unsere Möglichkeiten noch sehr begrenzt. Dies führte zur Entwicklung eigener Ideen und schließlich zur Erarbeitung eines Behandlungskonzeptes, das heute aus mehreren Teilen besteht:

- *Die Neuromotorische Entwicklungstherapie*
  für die Behandlung von Kindern mit statomotorischen Retardierungen, Meningomyelozelen und peripheren Paresen;
- *Die Orofaziale Regulationstherapie*
  für Patienten mit sensomotorischen Störungen im Bereich des Gesichtes, Mundes und Rachens, besonders für die Behandlung von Saug-, Kau-, Schluck- und Sprechstörungen;
- *gegebenenfalls die Versorgung mit speziellen Gaumenplatten (in Verbindung mit der Orofazialen Regulationstherapie).*

Wir haben von vielen anderen gelernt – von Berta und Karel Bobath, von V. Vojta, von H. Kabat, besonders aber von den Kindern und ihren Eltern. Zu Beginn war unser Team noch sehr klein. Wir standen vor der Schwierigkeit, daß die Ärzte den Sinn der Rehabilitation nicht erkannten und unsere Arbeit sehr gering achteten. Daher kamen die Behinderten erst im Jugendlichen- oder sogar erst im Erwachsenenalter zu uns. Unsere Ziele waren wenig klar. Zudem konnten wir Erfahrungen aus anderen Ländern – z. B. Nordamerika und Europa – nicht ohne weiteres auf Argentinien übertragen, auf ein Land mit ganz bestimmten eigenen Lebensformen, ein sehr weites Land mit geringer Bevölkerungsdichte ohne ausreichende Infrastruktur für die

Notwendigkeiten der Rehabilitation. Wir paßten also das im Ausland Gelernte an unsere Umgebung an und machten unsere eigenen Erfahrungen.
Behandlung findet in unserem Land nur in wenigen Zentren statt. Die Patienten müssen dafür teilweise unvorstellbare Entfernungen zurücklegen und große finanzielle Opfer erbringen. Die Therapie wird oftmals an die Eltern übergeben, da zu Hause meist keine Therapeuten zur Verfügung stehen. Die Behandlung und Beratung muß sich daher auf die wirklich wichtigen Elemente beschränken.
Aus dieser Arbeit wurde uns deutlich, wie notwendig es ist, daß die verschiedensten Fachleute im Team zusammenarbeiten müssen: Ärzte, Therapeuten, Pädagogen, Psychologen und andere. Für die Behandlung von Patienten mit Störungen im orofazialen Bereich war es z. B. von großer Bedeutung, daß wir einen Kieferorthopäden für unser Team gewinnen konnten.
Teamarbeit bedeutet für uns das Zusammenwirken von Fachleuten, deren spezifische Kenntnisse auf den gleichen wissenschaftlichen Grundlagen beruhen. Um den anderen zu verstehen, muß jeder auch die weiteren Bereiche kennen, müssen alle die gleiche Sprache sprechen. Dies ist um so wichtiger, je mehr die Tendenz zur Spezialisierung zunimmt. Teamarbeit soll jedoch nicht heißen, daß alle Fachleute direkt »am Kind« tätig werden – sie bedeutet vielmehr, daß gemeinsam Prioritäten gesetzt werden und die Behandlung individuell auf den Patienten und sein Umfeld abgestimmt wird. Dabei wird die Zusammenarbeit von der Erkenntnis bestimmt, daß der eigentliche Chef des Teams der Patient ist.
In unser Zentrum in Cordoba – das mit Mitteln der »Aktion Sonnenschein« aufgebaut wurde – kommen heute viele Patienten schon im Säuglingsalter, mit sehr verschiedenartigen Pathologien, viele davon mit mundmotorischen Störungen. Probleme im orofazialen Bereich sind im Zusammenhang mit der Gesamtstörung zu sehen; die spezifische Behandlung ist Teil einer umfassenden Rehabilitation. Beispielsweise ist es für Kinder mit zerebralen Bewegungsstörungen besonders wichtig, Behandlungskonzepte zur Verfügung zu haben, die die gesamte Haltung und Bewegung berücksichtigen, und die damit die Anwendung der Orofazialen Regulationstherapie – mit dem Ziel der Anbahnung physiologischer Bewegungsabläufe im Gesichtsbereich – überhaupt erst ermöglichen. Zur Entscheidung, was indiziert und was kontraindiziert ist, ist eine umfassende Kenntnis des jeweiligen Krankheitsbildes unumgänglich.

Wir, die wir schon seit vielen Jahren in der Rehabilitation tätig sind, erleben jetzt mit großer Befriedigung, wie dieses Gebiet wächst, und sich die einzelnen Bereiche integrieren. Viele Probleme sind noch nicht gelöst – sowohl in Argentinien als auch anderswo. Es ist unser aller Aufgabe, die Gesellschaft aufzuklären, das Problembewußtsein zu stärken und mit unserer Arbeit zur Eingliederung Behinderter beizutragen.

II. Darstellung der Funktion der verschiedenen Elemente des orofazialen Komplexes

Wir orientieren uns mit unserer Arbeit an der Funktion. Sie ist in unserem Konzept das wichtigste Element. Nur wenn wir die normalen physiologischen Abläufe kennen, ist es uns möglich, die verschiedenen pathologischen Prozesse im Bereich des orofazialen Komplexes zu verstehen.
Unter Funktion verstehen wir jede Aktivität und jede Veränderung. Die FUNKTION ist der gemeinsame Nenner, der die einzelnen Teile des orofazialen Komplexes miteinander verbindet und sie zu einem dynamischen System macht, durch das koordinierte Aktivitäten ermöglicht werden.

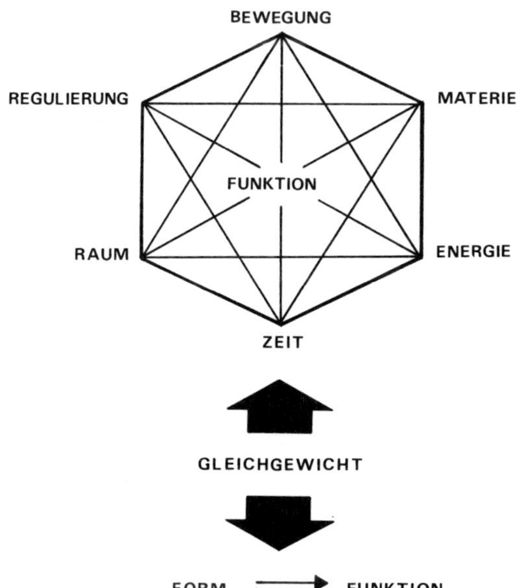

Abb. II/1: Schema der Funktion (Brondo).

Folgende Elemente sind die Grundlagen der FUNKTION:

BEWEGUNG: Jede Bewegung ist Funktion, ob sie auf ein Ziel gerichtet ist oder davon wegführt. Wir unterscheiden am Körper – und auch am orofazialen Komplex – zwei verschiedene Arten von Bewegung. Eine Bewegungsart ist auf den ersten Blick sichtbar, wie zum Beispiel das Auf- und Abbewegen der Mandibula, die andere ist eine nur unter dem Mikroskop zu erkennende Bewegung auf molekularer Ebene, Produkt biochemischer Reaktionen im Innersten der Organgewebe.

MATERIE: Sie ist das Substrat oder das Instrument für die Aktivität. Am orofazialen Komplex wird die Materie u. a. aus Knochen, Muskeln, Gelenken, Sehnen, Organzwischenräumen, Rezeptoren und Nerven gebildet.

ZEIT: Sie bezieht sich auf die notwendige Zeit, die eine Funktion von Beginn bis zum Ende benötigt.

RAUM: Materie und Bewegung brauchen einen gewissen Raum, damit eine Funktion verwirklicht werden kann.

ENERGIE: Dies ist die Kraft, die für jede Funktion erforderlich ist, um zustande zu kommen.

REGULIERUNG: Das Organsystem erhält permanent Reize aus dem Inneren und von der Außenwelt. Es benötigt deshalb verschiedene regulierende Mechanismen, die letztendlich dazu dienen, diese multiplen Reize zu sieben, zu verarbeiten und adäquat darauf zu reagieren. Dies wird gemessen an bio- bzw. histochemischen Veränderungen.
Die verschiedenen Mechanismen regulieren den Gesamtprozeß mit dem Ziel, ein harmonisches Zusammenspiel zwischen den verschiedenen Elementen zu gewährleisten und ein GLEICHGEWICHT herzustellen:

- Gleichgewicht zwischen den verschiedenen Teilen des orofazialen Komplexes,
- Gleichgewicht zwischen dem orofazialen Komplex und den übrigen Organsystemen des Körpers,
- Gleichgewicht zwischen Mensch und Kosmos.

Eine Störung an einem Teil des orofazialen Komplexes wirkt sich nicht nur dort aus, sondern stört das Gleichgewicht des gesamten Organsystems. Dies ist ein wichtiger Faktor im Hinblick auf die Befundaufnahme und das weitere therapeutische Vorgehen.

Folgende Faktoren sind wichtig, damit eine Funktion erfolgreich beendet werden kann:

Spontaneität: damit ein Impuls aus sich selbst zustande kommen kann.

Persistenz: um an das gewünschte Ziel zu kommen.

Variabilität: um verschiedene Wege benutzen zu können, die zum gleichen Ziel führen.

Abbrechfähigkeit: um eine Aktivität abzubrechen, wenn die Umstände ungünstig sind; so wird die Fixation von pathologischen Bewegungsmustern verhindert.

Der orofaziale Komplex kann durch die verschiedensten Pathologien betroffen werden. Sie stören zuerst das oben beschriebene Gleichgewicht, die Funktion kann nicht mehr erfolgreich und wirksam sein. Es entwickeln sich Kompensationen, Anpassungen und schließlich Fixationen. So kann zum Beispiel bei einem Kind, das die Angewohnheit hat, am Daumen zu lutschen, ein vorderer offener Biß entstehen. Diese Okklusionsstörung erzeugt beim Schlucken die ersten Kompensationen, die bewirken, diese vordere Öffnung zu verschließen. Das erfolgt durch Hyperaktivität des M. mentalis und des M. orbicularis oris inferior. Im Laufe der Zeit passen sich die mundumgebenden Gewebe an das neue Schluckmuster an. Wird dieses Muster nicht rechtzeitig unterbrochen und verändert, erfolgt seine Fixation, was zu Rigidität des Mundbodens, zur Mandibularetrusion, zur Hypoaktivität der Oberlippe, Gaumendeformitäten und Anomalien der Zahnstellung führt. Aus diesem Beispiel läßt sich die grundlegende Bedeutung der engen Interaktion von Form und Funktion erkennen. Wenn uns dies nicht klar ist, werden wir die physiologischen Abläufe nicht verstehen und noch sehr viel weniger die pathologischen Vorgänge.

Die Form ist gegeben *für* eine Funktion und *durch* eine Funktion. Die konkave Form des Gaumens z.B. ist erforderlich, damit die Zunge ihre Funktion erfüllen kann; andererseits jedoch wird die Form des Gaumens auch durch die Zungenfunktion modelliert.

Jedes Organ ist *für* eine Funktion und gleichzeitig *wegen* einer Funktion ausgebildet. Wir können ableiten, daß jedes Organ auch Funktion ist und jede Funktion auch Organ. *Jedes Organ formt sich selbst durch eine harmonische Funktion.*

Abschließend definieren wir den orofazialen Komplex als ein Organsystem, das durch einen Zusammenschluß verschiedener anatomisch-physiologischer Elemente gebildet wird und dazu dient, die folgenden Funktionen zu entwickeln oder dazu beizutragen:

NAHRUNGSAUFNAHME – MIMIK – ATMUNG – PHONATION

Für ein besseres Verständnis unserer Arbeit ist es notwendig, daß der Leser über Grundkenntnisse der funktionellen Anatomie des orofazialen Komplexes verfügt. Er muß bestimmte Muskelgruppen, ihre Funktionen und Innervationen kennen, um die Befundaufnahme und die nachfolgende orofaziale Therapie leichter zu verstehen. Der Therapeut sollte also nicht nur die Behandlungsmethode als solche kennen, sondern auch die Mechanismen, durch die Bewegungen über bestimmte Hebelsysteme auszulösen sind.
Den Schädel betrachten wir als feststehendes Element; er stützt sich auf die Wirbelsäule, durch die er bewegt wird. An diesem feststehenden Element hängen mobile Elemente, wie die Mandibula und das Zungenbein, welche

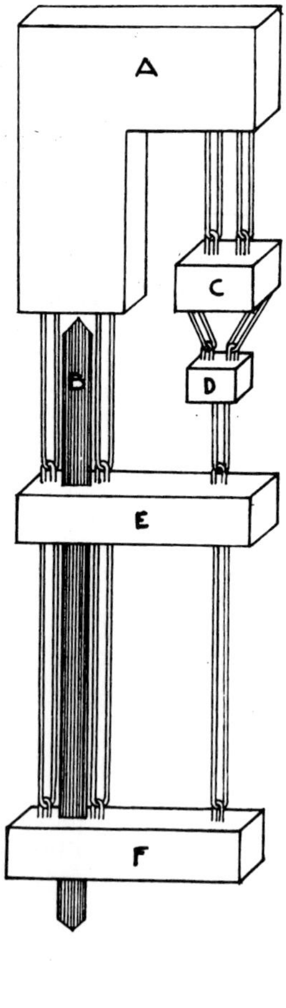

Abb. II/2: Schema der Funktion nach Brodie, modifiziert von Castillo Morales.
Schädel (A), Wirbelsäule (B), Mandibula (C), Zungenbein (D), Schultergürtel (E), Beckengürtel (F).
Die Mandibula ist durch die Kaumuskulatur mit dem Schädel verbunden. Das Zungenbein ist über die oberen Zungenbeinmuskeln mit der Mandibula und dem Schädel in Verbindung und über die unteren Zungenbeinmuskeln mit dem Schultergürtel. Die Bauch- und Thoraxmuskulatur verbindet ventral den Schultergürtel mit dem Beckengürtel. Auf der Dorsalseite ist der Schädel über die Nacken- und Wirbelsäulenmuskulatur mit dem Schulter- und Beckengürtel verbunden.
(Zeichnung Brondo)

ständig ihre Position verändern und sich an die Haltungen und Bewegungen des Schädels anpassen. Die Mandibula und das Zungenbein stehen ihrerseits über verschiedene Muskelketten in direkter Verbindung mit dem Schultergürtel und darüberhinaus indirekterweise mit dem Beckengürtel, durch deren Bewegungen und Haltungen sie auch beeinflußt werden. Die großen Muskeln spielen die entscheidenste Rolle, doch wirken die kleinen Muskeln mit wie kleine Hebel. Das Zusammenwirken aller Elemente bewirkt eine Kettenaktion, die in einer angemessenen Aktivität endet. Die klinische Beobachtung zeigt uns, daß eine pathologische bzw. fehlerhafte Haltung des Beckengürtels die Stellung der Mandibula beeinflußt und so zu phonoartikulären Störungen führen kann.
Die Koordination des orofazialen Komplexes ist die Voraussetzung für eine korrekte sprachliche Artikulation. Ziel der Behandlung ist es daher, Haltungen und Bewegungsabläufe zu erreichen, die sich der Normalität annähern. Das behinderte Kind kann zunächst eine normale oder annähernd normale anatomische Struktur der Gesichtsknochen besitzen, die sich jedoch aufgrund der Disharmonie des orofazialen Komplexes im Laufe der Entwicklung verändert. Die Pathologie verstärkt sich, die anormalen Haltungs- und Bewegungsmuster werden fixiert.
Beobachten wir den Mund eines gesunden Kindes im Ruhezustand, so ist er nichts anderes als eine Höhle, die zum größten Teil von der Zunge ausgefüllt ist. Aufgrund der verschiedenen motorischen Mechanismen verändert sich die Form der Höhle, vor allem durch die Veränderung oder Verschiebung der lateralen Wände (der Wangen), der vorderen Wand (der Lippen) und der hinteren Wand (des Gaumensegels und des Rachens).
Die zwei knöchernen Anteile, die den Unter- und Oberkiefer bilden, werden durch einen Drehmechanismus im Kiefergelenk bewegt. Die Dynamik dieses Gelenkes erlaubt ein harmonisches Zusammenwirken des Unterkiefers mit dem Oberkiefer und ermöglicht über koordinierte Muskelarbeit die Kaubewegungen. Beim Saugen, Kauen und Schlucken werden die gleichen orofazialen Elemente aktiviert wie für die Artikulation. Durch dieses vorsprachliche Training der verschiedenen Strukturen wird die für die Artikulation notwendige Koordination entwickelt; Kraft und Geschwindigkeit der Muskelkontraktionen werden immer differenzierter eingesetzt.
Für die Behandlung des orofazialen Komplexes ist es wichtig, die entsprechenden Muskeln zu kennen.

1. Mimische Muskulatur

1.1 Muskulatur im Bereich des Schädeldaches

M. occipitofrontalis

1.2 Muskulatur im Bereich der Lidspalte

M. orbicularis oculi
M. corrugator supercilii

1.3 Muskulatur im Nasenbereich

M. procerus
M. nasalis

1.4 Muskulatur im Bereich der Mundöffnung

M. orbicularis oris
M. levator labii superioris alaeque nasi
M. levator labii superioris
M. levator anguli oris
M. zygomaticus major
M. zygomaticus minor
M. buccinator
M. risorius
M. depressor anguli oris
M. depressor labii inferioris
M. mentalis
Platysma

2. Kaumuskulatur

M. temporalis
M. masseter
M. pterygoideus medialis
M. pterygoideus lateralis

3. Buccinatormechanismus

M. orbicularis oris
M. buccinator
M. constrictor pharyngeus superior

4. Zungenbeinmuskulatur

4.1 Obere Zungenbeinmuskulatur

M. digastricus
M. stylohyoideus
M. mylohyoideus
M. geniohyoideus

4.2 Untere Zungenbeinmuskulatur

M. sternocleidohyoideus
M. omohyoideus
M. sternothyroideus
M. thyrohyoideus

5. Zungenmuskulatur

5.1 Innere Zungenmuskulatur

M. longitudinalis superior
M. longitudinalis inferior
M. transversus linguae

5.2 Äußere Zungenmuskulatur

M. genioglossus
M. hyoglossus
M. styloglossus
M. palatoglossus

6. Gaumensegelmuskulatur

M. tensor veli palatini
M. levator veli palatini
M. uvulae
M. palatoglossus
M. palatopharyngeus

7. Schlundmuskulatur

7.1 Äußere Schlundmuskulatur

M. constrictor pharyngis superior

M. constrictor pharyngis medius
M. constrictor pharyngis inferior

7.2 *Innere Schlundmuskulatur*
M. stylopharyngeus
M. palatopharyngeus
M. salpingopharyngeus

8. Muskulatur für die Bewegungen des Kopfes

8.1 *Muskulatur für die Rotation*
M. sternocleidomastoideus
M. splenius cervicis et capitis
M. obliquus capitis inferior
M. rectus capitis posterior major

8.2 *Muskulatur für die Flexion*
M. rectus capitis anterior
M. longus capitis
M. sternocleidomastoideus

8.3 *Muskulatur für die Lateralflexion*
M. rectus capitis lateralis
M. scalenus anterior
M. scalenus posterior

8.4 *Muskulatur für die Extension*
M. rectus capitis posterior major
M. rectus capitis posterior minor
M. obliquus capitis superior

Die folgende Darstellung der Muskulatur zeigt deren Topographie, Funktion und Innervation. Bei Innervierung mehrerer Muskeln durch einen gemeinsamen Nerv wird dieser jeweils am Ende genannt.

1. Mimische Muskulatur

1.1 Muskulatur im Bereich des Schädeldaches

M. occipitofrontalis: Er ist ein paarig angelegter Muskel. Er besteht aus zwei Teilen: einem Venter occipitalis und einem Venter frontalis, die im mittleren Anteil durch eine Sehnenplatte, die Galea aponeurotica, verbunden sind. Diese ist eine breite Schicht aus fibrösem Material, die die Konvexität des Schädels umgibt. Sie ist durch ein sehr elastisches Gewebe vom Periost getrennt, was ein leichtes Gleiten der Sehnenplatte ermöglicht.
Der okzipitale Anteil entspringt von den lateralen zwei Dritteln der Linea nuchae suprema und dem Processus mastoideus. Seine Fasern ziehen nach oben/vorne und setzen am hinteren Rand der Galea aponeurotica an.

Funktion: zieht die Sehnenplatte und umgebendes Gewebe nach hinten.

Der frontale Anteil entspringt am vorderen Rand der Galea aponeurotica. Seine Fasern ziehen nach vorne/unten und strahlen in die Fasern des M. orbicularis oculi ein.

Funktion: erzeugt die horizontalen Falten auf der Stirn.

1.2 Muskulatur im Bereich der Lidspalte

M. orbicularis oculi: Er ist ein Ringmuskel rund um die Orbita und entspringt im Bereich des inneren Augenwinkels. Seine Fasern ziehen fächerförmig nach außen zum äußeren Augenwinkel, wo sich die oberen und unteren Faseranteile überkreuzen.

Funktion: bewirkt den Lidschluß.

M. corrugator supercilii: Er durchsetzt den M. orbicularis oculi und den Venter frontalis. Er entspringt am innersten Rand des Arcus superciliaris. Seine Fasern ziehen nach oben/außen und strahlen in die Haut der Augenbrauen ein.

Funktion: zieht die Haut der Augenbraue nach unten/innen und erzeugt vertikale Furchen zwischen den Augenbrauen.

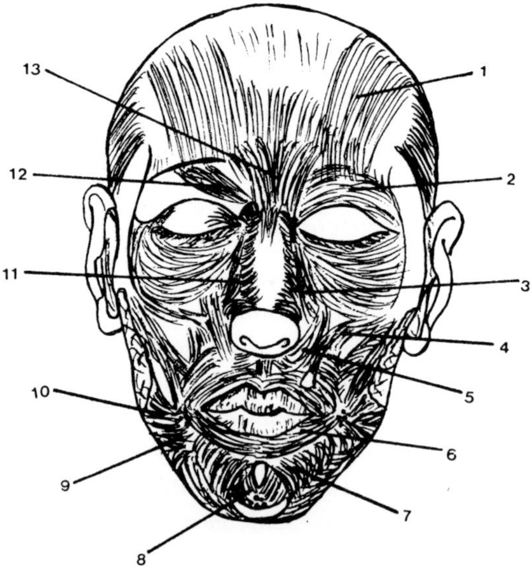

Abb. II/3: Mimische Muskulatur.
M. occipitofrontalis (1), M. orbicularis oculi (2), M. levator labii superioris alaeque nasi (3), M. zygomaticus minor (4), M. levator labii superioris (5), M. orbicularis oris (6), M. depressor labii inferioris (7), M. mentalis (8), M. depressor anguli oris (9), M. risorius (10), M. nasalis (11), M. corrugator supercilii (12), M. procerus (13). (Zeichnung Gonzales, A., *Krankengym.*)

1.3 Muskulatur im Nasenbereich

M. procerus: Er entspringt am Nasenrücken. Seine Fasern laufen nach oben und strahlen in die Stirnhaut ein.

Funktion: ruft bei Kontraktion eine quere Furche über der Nasenwurzel hervor.

M. nasalis: Er besteht aus einer Pars transversa und einer Pars alaris. Er entspringt von der Juga alveolaria des Eckzahns und des lateralen Schneidezahns und erreicht die Haut des Nasenflügels.
Die Pars transversa stellt eine dünne, breite Platte dar, die mit der Pars transversa des Muskels der Gegenseite durch eine Sehnenplatte verbunden ist, während die Pars alaris in die Haut des Naselflügels einstrahlt.

Funktion: verkleinert die Nasenlöcher.

1.4 Muskulatur im Bereich der Mundöffnung

M. orbicularis oris: Seine Fasern ordnen sich elliptisch um die Mundhöhle an. Er besteht aus mehreren Faseranteilen, die unterschiedlichen Verlauf haben. Man unterteilt in eine Pars labialis und eine Pars marginalis. Die oberen und unteren Fasern überkreuzen sich im Bereich der Mundwinkel; einige Fasern strahlen in die Fasern des M. buccinator ein.

Funktion: bei schwacher Kontraktion schließen sich die Lippen, während sie bei starker Kontraktion rüsselförmig nach vorne gewölbt werden.

M. levator labii superioris alaeque nasi: Er entspringt an der Außenfläche des Processus frontalis des Oberkiefers. Die Fasern ziehen nach unten und teilen sich kurz vor dem Ansatz in zwei Teile. Die inneren Fasern setzen an der Haut des hinteren Anteils des Nasenflügels an, während die äußeren Fasern bis zum mittleren Anteil der Oberlippe ziehen und sich mit den Fasern des M. orbicularis oris überkreuzen.

Funktion: weitet die Nasenflügel und hebt den mittleren Anteil der Oberlippe.

M. levator labii superioris: Er entspringt am Margo infraorbitalis. Die Fasern laufen nach unten/innen und strahlen in die tiefe Schicht der Oberlippenfasern ein.

Funktion: hebt die Oberlippe.

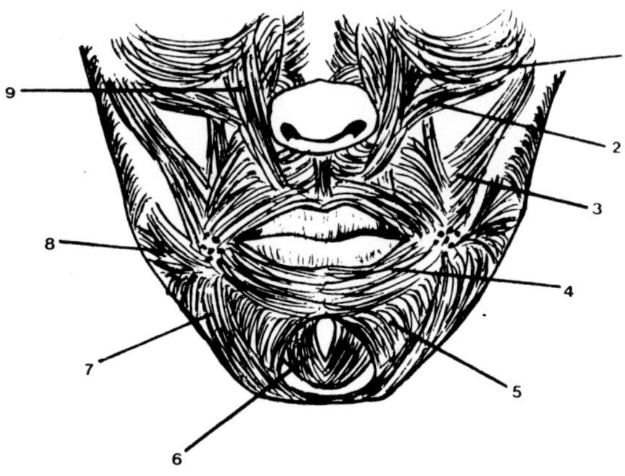

Abb. II/4: Mimische Muskulatur.
M. levator anguli oris (1), M. zygomaticus minor (2), M. zygomaticus major (3), M. orbicularis oris (4), M. depressor labii inferioris (5), M. mentalis (6), M. depressor anguli oris (7), M. risorius (8), M. levator labii superioris (9).
(Zeichnung Gonzales, A., *Krankengym.*)

M. levator anguli oris: Er entspringt unterhalb des Foramen infraorbitale. Seine Fasern ziehen nach unten/außen und setzen an der Haut des Mundwinkels an.

Funktion: hebt die Mundwinkel.

M. zygomaticus major: Er entspringt an der Außenfläche des Os zygomaticum. Seine Fasern ziehen nach unten/innen zum Mundwinkel, wo sie z. T. in die Haut, z. T. in die Fasern des M. depressor anguli oris einstrahlen.

Funktion: hebt die Mundwinkel nach oben/außen.

M. zygomaticus minor: Er entspringt am unteren Teil der Außenseite des Os zygomaticum. Seine Fasern ziehen nach unten/medial zum Sulcus nasolabialis.

Funktion: zieht die Mundwinkel nach oben/außen.

M. buccinator: Er formt die seitlichen Wände der Mundhöhle. Der viereckige Muskel entspringt am Processus alveolaris des Ober- und Unterkiefers im Bereich des 1. und 2. Molaren und von der Raphe pterygomandibularis. Die Fasern ziehen nach vorne zum Mundwinkel und überkreuzen sich mit den Fasern des M. orbicularis oris.

Funktion: zieht die Mundwinkel nach hinten. Außerdem hat er eine äußerst wichtige Rolle beim Kauvorgang, indem er die Wangen spannt. So hält er die Nahrung zwischen den Zähnen und verhindert, daß sie ins Mundvestibulum fällt.

M. risorius: Er entspringt an der Fascia masseterica. Seine Fasern ziehen horizontal nach vorne zu den Mundwinkeln.

Funktion: zieht die Mundwinkel horizontal nach hinten.

M. depressor anguli oris: Er entspringt an der Linea obliqua externa der Mandibula. Von dort aus konvergieren die Fasern nach oben/innen zum Mundwinkel.

Funktion: zieht die Mundwinkel nach unten.

M. depressor labii inferioris: Er entspringt an der Linea obliqua externa der Mandibula unmittelbar unter dem Ursprung des M. depressor anguli oris. Seine Fasern divergieren nach oben/innen, strahlen in die Haut der Unterlippe und überkreuzen sich mit den Fasern des M. orbicularis oris.

Funktion: zieht die Unterlippe nach unten.

M. mentalis: Er entspringt von der Mandibula im Bereich des Jugum alveolare des lateralen Schneidezahnes. Die Fasern laufen nach unten/innen und strahlen in die Haut des Kinns ein.

Funktion: hebt das Kinn und damit auch die Unterlippe nach oben.

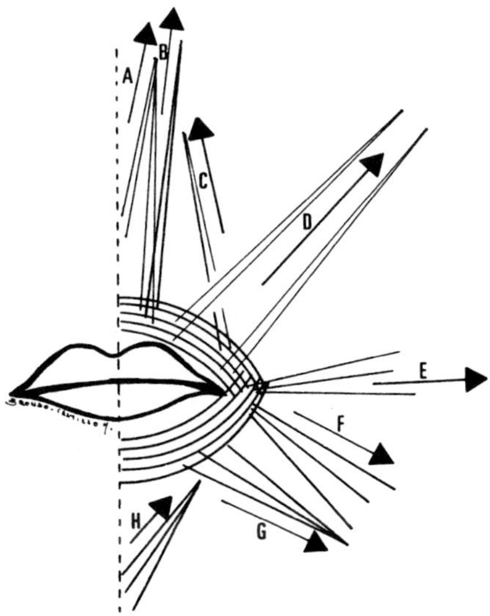

Abb. II/5: Periorale Muskulatur.
M. levator labii superioris alaeque nasi (A), M. levator labii superioris (B), M. levator anguli oris (C), M. zygomaticus minor/major (D), M. risorius (E), M. depressor anguli oris (F), M. depressor labii inferioris (G), M. mentalis (H). Die Pfeile markieren die Kontraktionsrichtung jedes einzelnen Muskels zum Punctum fixum.
(Zeichnung Brondo/Castillo Morales)

Platysma: Es entspringt an der Linea obliqua externa und strahlt in Höhe des Schlüsselbeines in die Haut des Halses ein.

Funktion: Hilfsmuskel bei der Kieferöffnung.

Innervation: Die mimischen Muskeln werden vom N. facialis innerviert.
Bei allen mimischen Muskeln ist der *Ursprung* gleichzeitig auch das *Punctum fixum* der Kontraktionsrichtung.

2. *Kaumuskulatur*

M. temporalis: Er hat eine Fächerform und entspringt an der Fossa temporalis. Seine Fasern laufen nach vorne/unten und setzen am Processus coronoideus der Mandibula an.

Funktion: hebt die Mandibula. Die untersten Fasern haben einen horizontalen Faserverlauf und ziehen bei Kontraktion das Caput mandibulae in die Fossa mandibularis zurück, wenn die Mandibula vorher durch die Kontraktion der Mm. pterygoidei laterales protruiert war.

M. masseter: Er entspringt am Arcus zygomaticus. Seine Fasern laufen nach hinten/unten und setzen an der Außenfläche des Angulus mandibulae an.
Funktion: hebt die Mandibula.

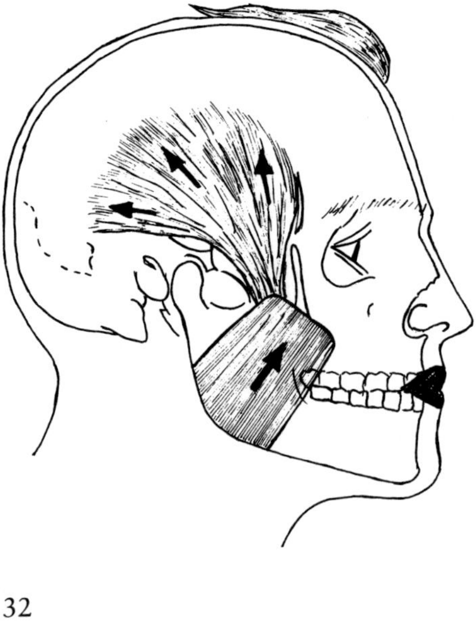

Abb. II/6: Die Pfeile markieren die Kontraktionsrichtung der einzelnen Muskelfasergruppen des M. temporalis und des M. masseter. Beide Muskeln sind Unterkieferheber, zusammen mit dem M. pterygoideus medialis.
(Zeichnung Nagle, Raymond y Sears, Victor: prótesis dental; modifiziert.)

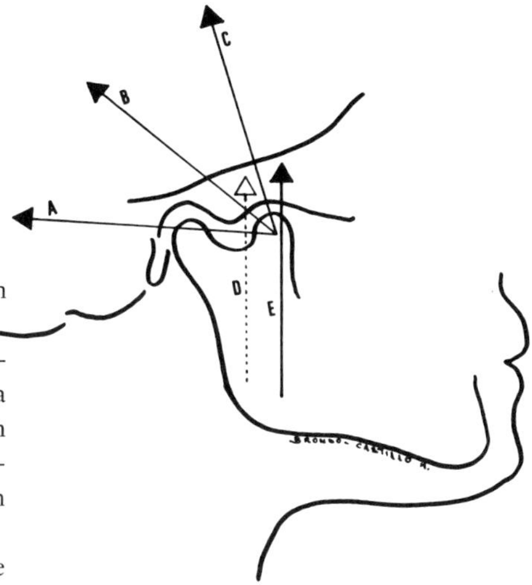

Abb. II/7: Muskelsynergie für das Heben der Mandibula.
M. temporalis (B, C), vorderer und mittlerer Anteil, mit Punctum fixum an der Fossa temporalis. M. masseter (E), mit Punctum fixum am Arcus zygomaticus. M. pterygoideus medialis (D) mit Punctum fixum an der Fossa pterygoidea.
Horizontale Fasern des M. temporalis, die die Mandibula zurückziehen, wenn sie nach vorne verlagert war (A).
(Zeichnung Brondo/Castillo Morales)

M. pterygoideus medialis: Er entspringt in der Fossa pterygoidea. Seine Fasern ziehen nach unten/hinten/außen und setzen an der Innenfläche des Ramus und Angulus mandibulae an. Er hat den gleichen Faserverlauf wie der M. masseter an der Außenfläche.

Funktion: hebt die Mandibula.

M. pterygoideus lateralis: Er entspringt an der Außenfläche der Lamina lateralis des Processus pterygoideus. Seine Fasern ziehen nach hinten/außen und setzen am Processus condylaris der Mandibula an.

Funktion: Dieser Muskel hat sein konstantes Punctum fixum am Schädel und Punctum mobile ist der Processus condylaris. Die symmetrische Kontraktion der Mm. pterygoidei laterales bewirkt ein Vorschieben der Mandibula.
Die einseitige Kontraktion eines M. pterygoideus lateralis verursacht ein Seitverschieben der Mandibula zur gegenüberliegenden Seite hin.

Innervation: Die Kaumuskeln werden vom N. trigeminus innerviert.
Bei allen Kaumuskeln ist der *Ursprung* auch gleichzeitig das *Punctum fixum* der Kontraktionsrichtung.

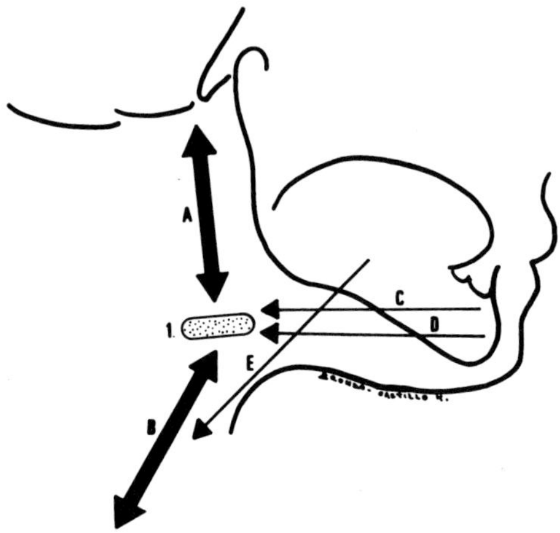

Abb. II/8: Muskelsynergie zum Senken der Mandibula. (Beschreibung der Mm. s. Abb. II/4)
Stabilisation des Zungenbeines (1) durch Spannungszunahme im hinteren Anteil des M. digastricus und des M. stylohyoideus (A) sowie in den unteren Zungenbeinmuskeln (B). Kontraktion des vorderen Anteils des M. digastricus (D) mit Punctum fixum am Zungenbein sowie die synergistische Aktivität der Mm. geniohyoideus (C) und Platysma (E).
(Zeichnung Brondo/Castillo Morales)

3. Buccinatormechanismus

Besteht aus drei Muskeln:
- M. orbicularis oris (vorne),
- M. buccinator (seitlich) und
- M. constrictor pharyngeus superior (hinten).

Diese Muskelkette spielt eine sehr wichtige Rolle bei lebenswichtigen Funktionen; die drei Muskeln arbeiten immer zusammen.
Beim Saugen des Kindes müssen sich die Fasern des M. orbicularis oris an die Form der Brustwarze der Mutter bzw. des Saugers anpassen. Die Kontraktionskraft nimmt entsprechend dem Widerstand zu, den diese Elemente entgegensetzen. Die Spannung im M. buccinator erhöht sich, die Wangen nähern sich der Mittellinie an und der intraorale negative Druck nimmt zu. Beim Kauen benötigen wir eine Zunahme der Spannung in der gesamten Muskelkette, um die Nahrung während der Inzisionsphase (Abbeißphase) in Kontakt mit den vorderen Schneidezähnen und während der Triturationsphase (Zerkleinerungsphase) in Kontakt mit den Backen- und Mahlzähnen zu halten, und um damit zu verhindern, daß die Nahrung in das Mundvestibulum fällt.
Eine Störung dieses Mechanismus tritt bei vielen Pathologien auf, z. B. bei Patienten mit Fazialisparese. Sie verlagern das Kauen auf die nicht betroffene Seite, um zu vermeiden, daß aufgrund des erniedrigten Tonus auf der betroffenen Seite die Nahrung in das Mundvestibulum fällt.

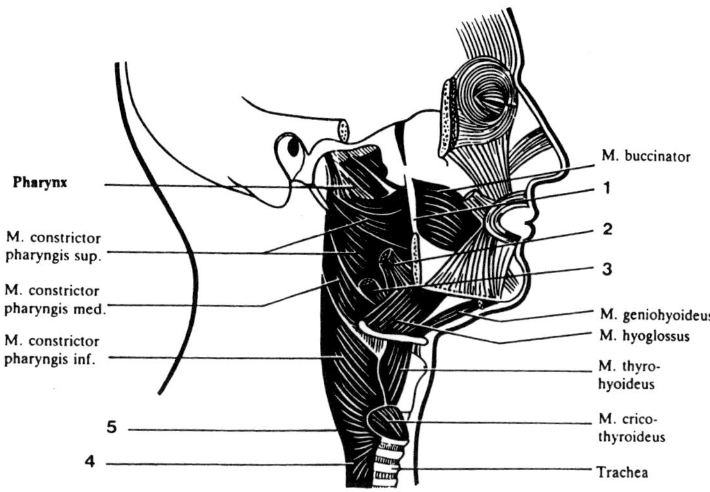

Abb. II/9: Seitansicht der Rachenmuskulatur und des Buccinatormechanismus. (Aus Rohen, J.: Funktionelle Anatomie des Menschen, Schattauer).

Auch beim Schlucken ist der Buccinatormechanismus von Bedeutung. Beim infantilen oder unreifen Schluckakt wird die Mandibula noch nicht von den Unterkieferhebern stabilisiert, sondern hauptsächlich von den Mm. buccinator und orbicularis oris. Beim reifen Schluckakt ändert sich diese Funktion; der Buccinatormechanismus ist jetzt zuständig für einen guten Lippenschluß und dafür, beim Schlucken die Weichteile der Mitte der Mundhöhle anzunähern und den intraoralen Druck zu erhöhen.

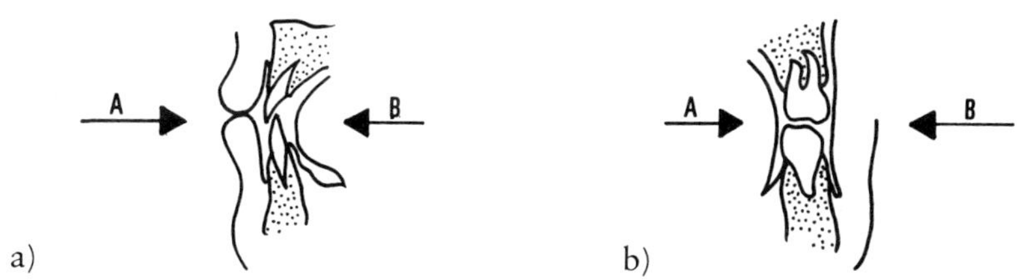

Abb. II/10a: Sagittalschnitt durch die vordere Mundhöhle. A ist die Kraft, die die Lippen auf die vestibuläre Seite der Zähne ausüben. B ist die Kraft, die die Zungenspitze auf die linguale Seite der vorderen Zähne ausübt.
b: Frontalschnitt durch den hinteren Anteil der Mundhöhle. A ist die Kraft, die die Zunge lateral auf die linguale Seite der Backen- und Mahlzähne ausübt. B ist die Kraft, die der M. buccinator auf die vestibuläre Seite der Zähne ausübt.
(Zeichnung Brondo)

4. *Zungenbeinmuskulatur*

4.1 *Obere Zungenbeinmuskulatur*

Diese Muskeln ziehen von der Schädelbasis bzw. der Mandibula zum Zungenbein und sind alle symmetrisch angelegt.

M. digastricus: Ein Zwischensehnenstück trennt ihn in einen vorderen und einen hinteren Anteil. Der hintere Anteil entspringt an der Incisura mastoidea. Die Fasern verlaufen nach unten/vorne/innen und setzen mit dem Zwischensehnenstück am Zungenbein an. Von dort ziehen die Fasern des vorderen Anteils nach vorne/oben und setzen an der Fossa digastrica am unteren inneren Rand der Mandibula an.

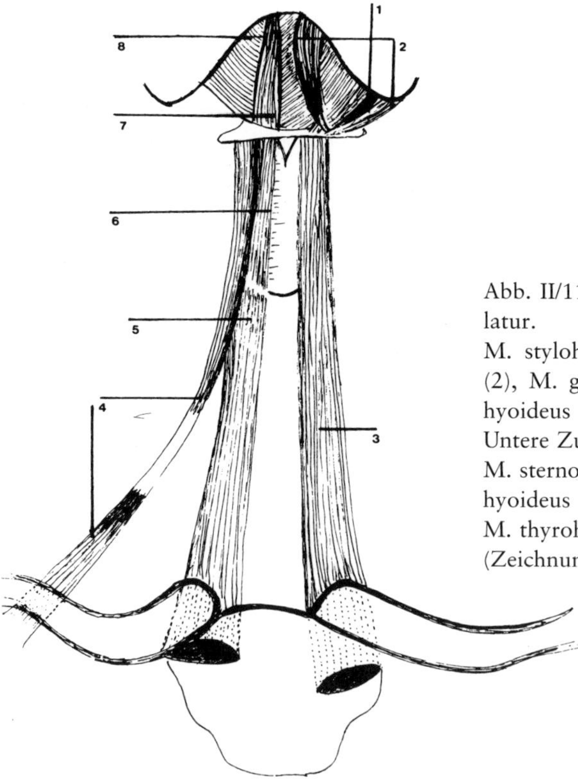

Abb. II/11: Obere Zungenbeinmuskulatur.
M. stylohyoideus (1), M. digastricus (2), M. geniohyoideus (7), M. mylohyoideus (8).
Untere Zungenbeinmuskulatur.
M. sternocleidohyoideus (3), M. omohyoideus (4), M. sternothyroideus (5), M. thyrohyoideus (6).
(Zeichnung Brondo)

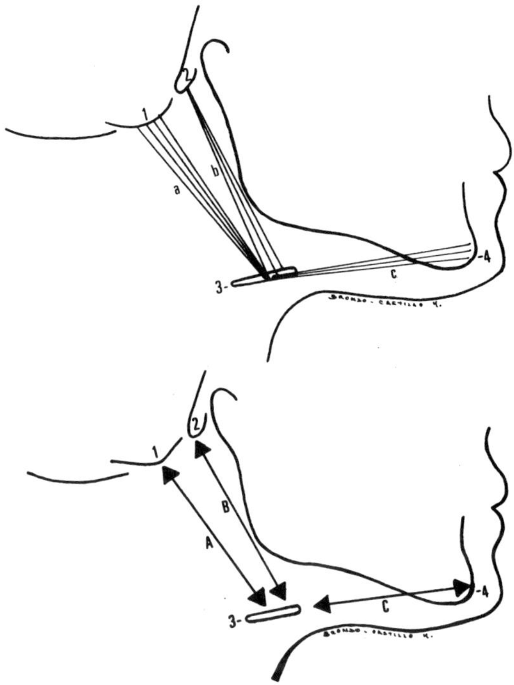

Abb. II/12 a und b: Obere Zungenbeinmuskulatur. Hinterer Anteil des M. digastricus (A/a), M. stylohyoideus (B/b), vorderer Anteil des M. digastricus (C/c). Proc. mastoideus (1), Proc. styloideus (2), Zungenbein (3), Spina mentalis (4). Die Pfeile markieren die verschiedenen Kontraktionsmöglichkeiten zum Punctum fixum. (Zeichnung Brondo/Castillo Morales)

Funktion: Der hintere Anteil zieht das Zungenbein nach hinten/oben, wenn das Punctum fixum an der Schädelbasis ist; mit dem Punctum fixum am Zungenbein zieht er den Kopf etwas nach hinten in die Reklination.
Der vordere Anteil hebt das Zungenbein nach vorne/oben, wenn das Punctum fixum an der Mandibula ist; mit dem Punctum fixum am Zungenbein senkt er die Mandibula.

Innervation: der hintere Anteil durch den N. facialis, der vordere Anteil durch den N. trigeminus.

M. stylohyoideus: Er ist ein feiner, spindelförmiger Muskel, der am Processus styloideus der Schädelbasis entspringt. Seine Fasern laufen parallel zum hinteren Anteil des M. digastricus zum Zungenbein.

Funktion: Bei Punctum fixum an der Schädelbasis hebt er das Zungenbein nach hinten/oben, bei Punctum fixum am Zungenbein neigt er den Kopf etwas nach hinten.

Innervation: N. facialis.

M. mylohyoideus: Er ist ein flächiger Muskel, der zu beiden Seiten den Mundboden ausspannt. Er entspringt an der gesamten Linea mylohyoidea der Mandibula. Seine Fasern laufen nach unten/innen/hinten zur Mittellinie. Die hintersten Fasern setzen an der Vorderfläche des Zungenbeinkörpers an, während die mittleren und vorderen Fasern sich mit denen der Gegenseite überkreuzen und die Raphe mylohyoidea bilden.

Funktion: hebt das Zungenbein, spannt den Mundboden und drückt die Zunge kräftig gegen den Gaumen. Er spielt eine wichtige Rolle in der ersten Phase des Schluckens.

Innervation: N. trigeminus.

M. geniohyoideus: Er ist ein kleiner, zylindrischer Muskel, der ganz fest mit dem der Gegenseite verbunden ist und über dem M. mylohyoideus liegt. Seine Fasern erstrecken sich vom Zungenbeinkörper bis zur Spina mentalis.

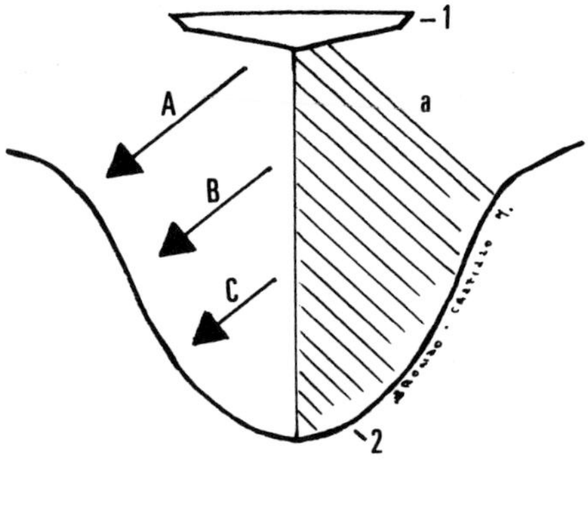

Abb. II/13: Obere Zungenbeinmuskulatur.
M. mylohyoideus (a), Zungenbein (1), Mandibula (2). A, B, C – Faserverlauf des M. mylohyoideus mit Pfeilrichtung zum Punctum fixum.
(Zeichnung Brondo/Castillo Morales)

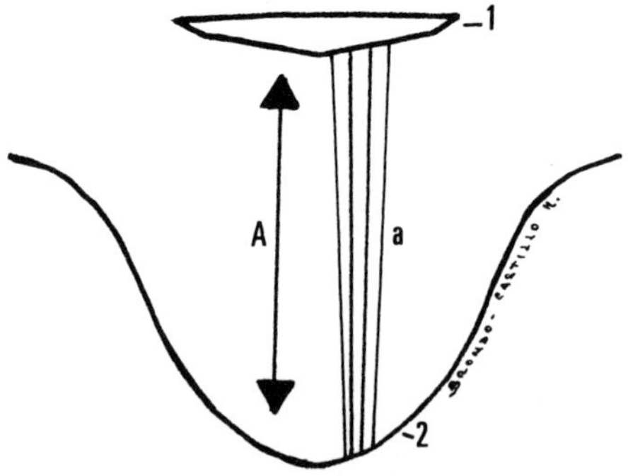

Abb. II/14: Obere Zungenbeinmuskulatur.
M. geniohyoideus (a), Zungenbein (1), Mandibula (2). A/a – Faserverlauf des M. geniohyoideus mit Pfeilrichtung zum Punctum fixum.
(Zeichnung Brondo/Castillo Morales)

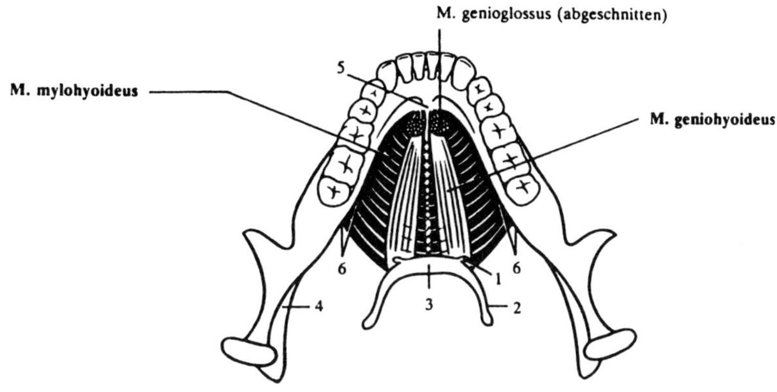

Abb. II/15: Mundbodenmuskulatur von oben gesehen. (Aus: Rohen, J.: Funktionelle Anatomie des Menschen, Schattauer). Kleines Zungenbeinhorn (1), großes Zungenbeinhorn (2), Zungenbeinkörper (3), Ramus mandibulae (4), Spina mentalis (5), Linea mylohyoidea (6).

Funktion: Wenn die Mandibula Punctum fixum ist, hebt er das Zungenbein nach vorne/oben. Bei Punctum fixum am Zungenbein senkt er die Mandibula.

Innervation: N. hypoglossus.

4.2 Untere Zungenbeinmuskulatur

M. sternocleidohyoideus: Er ist der oberflächlichste der unteren Zungenbeinmuskeln. Er entspringt am Manubrium sterni und den innersten Klavikulaanteilen. Von dort ziehen seine Fasern nach oben und setzen am unteren Rand des Zungenbeins an.

Funktion: Mit Punctum fixum am Sternum senkt er das Zungenbein, mit Punctum fixum am Zungenbein dient er als Atemhilfsmuskel.

M. omohyoideus: Er ist ein langer, schmaler Muskel, mit einer Sehnenplatte im mittleren Anteil, der an der Incisura scapulae entspringt. Seine Fasern laufen nach oben/innen und setzen an den äußeren Rändern des Zungenbeins und am großen Zungenbeinhorn an.

Funktion: Wenn die Incisura scapulae Punctum fixum ist, senkt er das Zungenbein und zieht es leicht nach hinten. Er ist der Hauptstabilisator des

Zungenbeins in gesenkter Stellung. Bei Punctum fixum am Zungenbein dient er auch als Hilfsmuskel für die Einatmung.

M. sternothyroideus: Er entspringt an der Rückseite des Manubrium sterni und am ersten Rippenknorpel. Seine Fasern ziehen nach oben und setzen an der Außenfläche des Schildknorpels des Kehlkopfes an.

Funktion: Bei Punctum fixum am Manubrium sterni zieht er den Kehlkopf nach unten, in Verbindung mit dem M. thyrohyoideus auch das Zungenbein. Bei Punctum fixum am Zungenbein dient er als Atemhilfsmuskel.

M. thyrohyoideus: Er entspringt an der Linea obliqua des Schildknorpels. Von dort ziehen die Fasern gerade nach oben zum unteren Rand des Zungenbeinkörpers und zum großen Zungenbeinhorn.

Funktion: Bei Punctum fixum am Schildknorpel senkt er das Zungenbein, während er bei Punctum fixum am Zungenbein, das vorher durch die oberen Zungenbeinmuskeln in gehobener Stellung stabilisiert wurde, den Kehlkopf hebt.

Innervation: Alle unteren Zungenbeinmuskeln werden vom N. hypoglossus innerviert.

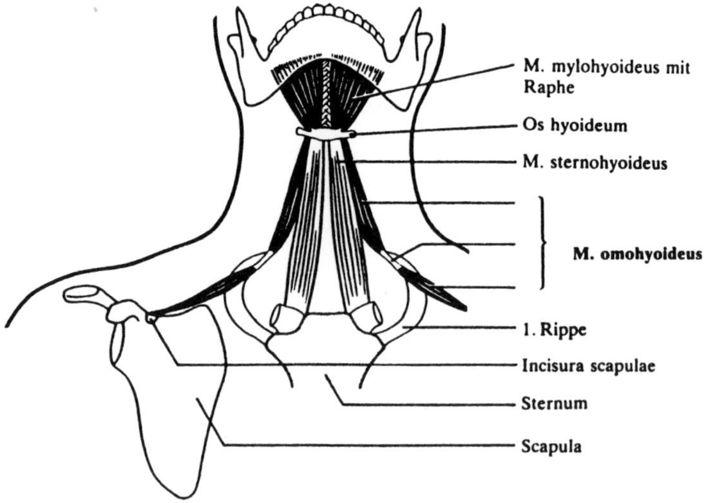

Abb. II/16: Zungenbeinmuskulatur (aus: Rohen, J.: Funktionelle Anatomie des Menschen, Schattauer).

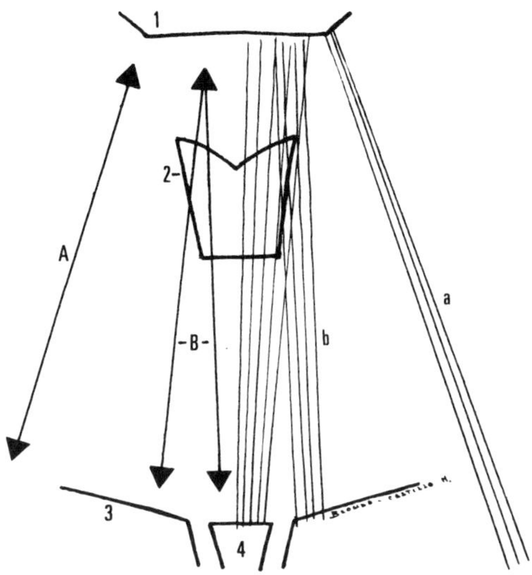

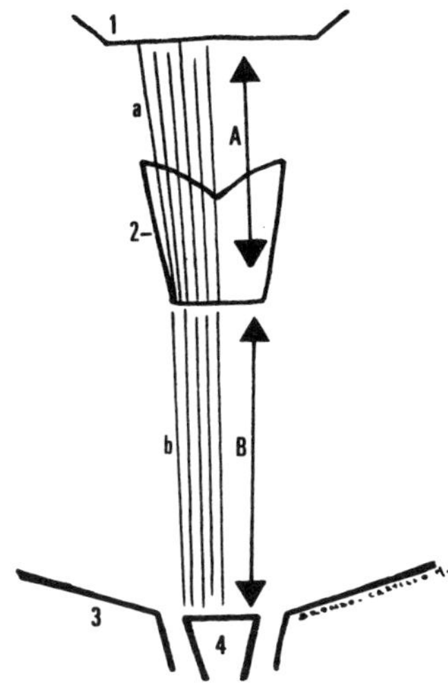

Abb. II/17 (links): Untere Zungenbeinmuskulatur.
M. omohyoideus (A/a), M. sternocleidohyoideus (B/b). Die Pfeile zeigen die möglichen Kontraktionsrichtungen zum Punctum fixum an. Zungenbein (1), Schildknorpel des Kehlkopfes (2), Schlüsselbein (3). (Zeichnung Brondo/Castillo Morales)
Abb. II/18 (rechts): Untere Zungenbeinmuskulatur.
M. thyrohyoideus (A/a), M. sternothyroideus (B/b). Die Pfeile zeigen die möglichen Kontraktionsrichtungen zum Punctum fixum an. Zungenbein (1), Schildknorpel des Kehlkopfes (2), Schlüsselbein (3), Sternum (4). (Zeichnung Brondo/Castillo Morales)

5. *Zungenmuskulatur*

Die Zunge ist ein flexibles Organ ohne knöchernen Ansatzpunkt, das über eine Drehachse in seinem hinteren Bereich agiert. Die Flexibilität ist einerseits durch die Innervation gegeben, andererseits durch die Verteilung der verschiedenen Muskelfasern.
Die Zunge ist in drei Teile aufgeteilt: der hintere Teil, die Zungenwurzel, der mittlere, der Zungenrücken und der vordere, die Zungenspitze.

Die Zunge liegt direkt auf dem Mundboden auf; dadurch ist es möglich, die Zungenmotorik durch Stimulation des Mundbodens indirekt zu beeinflussen.
Der hintere Anteil der Zunge ist mit dem Zungenbein und dem Kehlkopf verbunden. Auch über diese Elemente kann durch bestimmte Übungen indirekt auf die Zunge Einfluß genommen werden.
Um die Aktivität der Zunge besser verstehen zu können, unterteilen wir die dafür benötigten Muskeln in zwei Gruppen:

5.1 Innere Zungenmuskulatur

- M. longitudinalis superior,
- M. longitudinalis inferior,
- M. transversus linguae.

Diese Muskeln haben die Funktion, die Zunge zu verformen, zu retrahieren und feinste Bewegungen innerhalb des Mundes auszuführen.

M. longitudinalis superior: Er erstreckt sich unterhalb der Zungenschleimhaut von der Basis bis zur Spitze. Es ist ein paarig angelegter Muskel. Der mittlere Anteil entspringt an der Plica epiglottica. Die beiden lateralen Anteile entspringen an den kleinsten Ästen des Zungenbeines. Diese Fasern

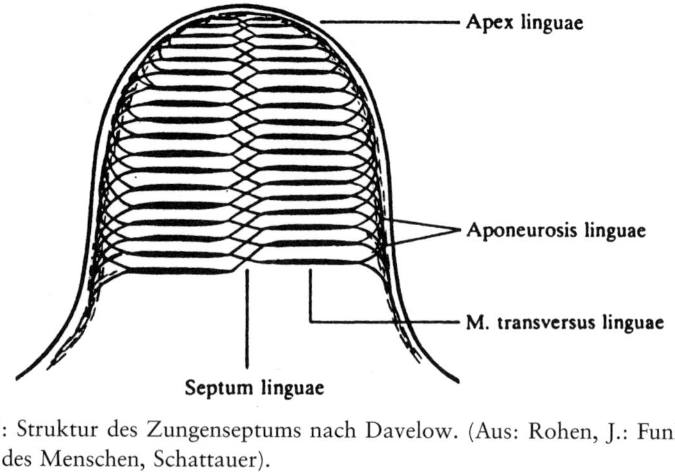

Abb. II/19: Struktur des Zungenseptums nach Davelow. (Aus: Rohen, J.: Funktionelle Anatomie des Menschen, Schattauer).

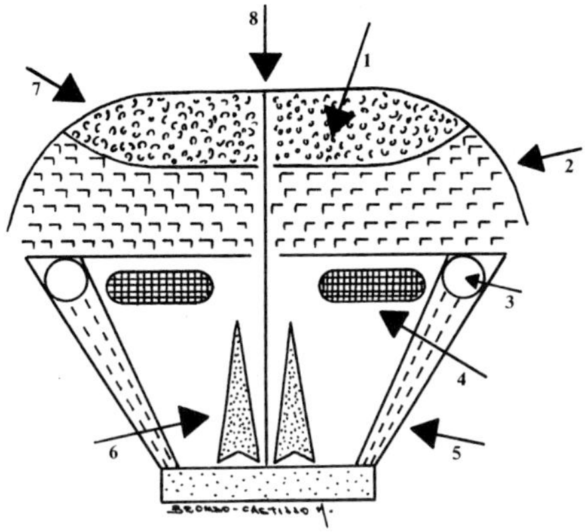

Abb. II/20: Frontalschnitt durch das hintere Drittel der Zunge.
M. longitudinalis superior (1), M. transversus linguae (2), M. styloglossus (3), M. longitudinalis inferior (4), M. hyoglossus (5), M. genioglossus (6), Zungenrücken (7), Zungenseptum (8). (Zeichnung Brondo)

ziehen nach oben/vorne, schließen sich in der Mitte der Zunge zusammen und ziehen bis zur Zungenspitze.

Funktion: zieht die Zungenspitze nach hinten/oben.

M. longitudinalis inferior: Er befindet sich an der Unterseite der Zunge unter dem M. styloglossus und zwischen dem M. genioglossus und M. hyoglossus. Der Ursprung ist größtenteils an den kleinen Ästen des Zungenbeines. Seine Fasern verlaufen nach vorne, und setzen an der unteren Schicht der Schleimhaut an, die die Zungenspitze überzieht.

Funktion: verkürzt die Zunge und zieht die Zungenspitze nach hinten/unten.

M. transversus linguae: Er setzt an beiden Seiten des Zungenseptums an. Die Fasern ziehen vom Septum zu den seitlichen Rändern der Zungenschleimhaut.

Funktion: Wenn er sich simultan kontrahiert, verschmälert sich die Zunge.

Innervation: Die gesamte innere Zungenmuskulatur wird vom N. hypoglossus innerviert.

Zungenseptum: Es ist eine fibröse Platte, die sich in der Mitte, zwischen den beiden Mm. genioglossi, befindet. Es hat die Form einer Sichel mit einer konvexen oberen und einer konkaven unteren Seite sowie zwei seitlichen Flächen. Das vordere Ende verliert sich ganz spitz zwischen den muskulären Fasern der Zungenspitze. Das hintere Ende ist erweitert und setzt an der Membrana hyoglossa und dem Zungenbein an.

5.2 Äußere Zungenmuskulatur

- M. genioglossus,
- M. hyoglossus,
- M. styloglossus,
- M. palatoglossus.

M. genioglossus: Er entspringt vorne an der Innenseite der Spina mentalis. Von dort aus öffnen sich die Faserbündel fächerförmig und ziehen von der Zungenwurzel bis zur Zungenspitze. Die untersten Fasern laufen horizontal nach hinten und setzen am oberen Teil des Zungenbeins an. Die mittleren Fasern, der größte Anteil, ziehen nach oben/hinten zum gesamten Zungenrücken, während die obersten Fasern nach oben/vorne zur Zungenspitze laufen.

Funktion: Konstantes Punctum fixum ist die Spina mentalis. Die symmetrische Kontraktion der Mm. genioglossi bewirkt eine Protrusion der Zunge. Die einseitige Kontraktion eines M. geniolossus bewirkt ein Seitverschieben der Zunge zur Gegenseite des kontrahierten Muskels.

M. hyoglossus: Er befindet sich im lateralen und unteren Teil der Zunge. Er entspringt am oberen Anteil des Zungenbeinkörpers und am großen Zungenbeinhorn. Seine Fasern ziehen nach oben/vorne, strahlen in die Faserbündel des M. styloglossus ein und setzen am gesamten medialen Zungenseptum an.

Funktion: zieht die Zunge mit Hilfe der unteren Zungenbeinmuskeln, die das Zungenbein stabilisieren, nach hinten/unten.

M. styloglossus: Er entspringt am Processus styloideus. Die unteren Fasern ziehen diagonal nach vorne/unten und überkreuzen sich mit den Fasern des M. hyoglossus. Die medialen Fasern enden an der Zungenspitze, die oberen am Zungenseptum.

Funktion: Elevation und Retraktion der Zunge.

M. palatoglossus: Er kommt von der Gaumenaponeurose und bildet den vorderen Gaumenbogen des Gaumensegels. Die Fasern richten sich nach unten/vorne/außen und strahlen am Seitenrand der Zunge hauptsächlich in den M. transversus linguae ein.

Funktion: Sein Punctum fixum ist die Gaumenaponeurose; die vorderen Gaumenbögen nähern sich der Mittellinie an, die Zunge wird nach hinten/oben gezogen und die Zungenwurzel gehoben. Er dient beim Schlucken als vorderer Schlundschnürer. Dieser Mechanismus verhindert den Reflux der Nahrung zurück in die Mundhöhle.

Innervation: Die gesamte äußere Zungenmuskulatur wird vom N. hypoglossus innerviert.

Im folgenden fassen wir die gemeinsame Aktivität der oberen und unteren Zungenbeinmuskeln mit den äußeren und inneren Zungenmuskeln, also die Muskelsynergien, noch einmal zusammen. Für die verschiedenen Muskelsynergien ist die Stabilisierung des Zungenbeins durch die oberen und unteren Zungenbeinmuskeln notwendig.

a) Zungenelevation und -retraktion: Sie beginnt mit der Aktivität der Mm. longitudinales superiores, mit Punctum fixum an der Membrana hyoglossa. Anschließend wird das Zungenbein nach hinten/oben gehoben und stabilisiert durch die Kontraktion der Mm. stylohyoidei und der hinteren Anteile des M. digastricus, mit Punctum fixum an der Schädelbasis. Die Muskelkettenaktivität wird vervollständigt durch die Kontraktion der Mm. palatoglossi mit Punctum fixum an der Gaumenaponeurose und der Mm. styloglossi mit Punctum fixum am Processus styloideus.

b) Zungendepression und -retraktion: Die Aktivität beginnt mit der Kontraktion der Mm. longitudinales inferiores mit Punctum fixum am Zungenbein. Gleichzeitig wird das Zungenbein nach unten gezogen und stabilisiert durch die Kontraktion der unteren Zungenbeinmuskeln, in erster Linie durch den M. omohyoideus mit Punctum fixum an der Incisura scapulae und den M. sternocleidohyoideus mit Punctum fixum an der Klavikula und am Sternum. Wenn das Zungenbein festgestellt ist, kann sich der M. hyoglossus kontrahieren mit Punctum fixum am Zungenbein und so die Muskelkettenaktivität vervollständigen.

c) Zungenprotrusion: Sie erfolgt durch die symmetrische Kontraktion der Mm. genioglossi mit Punctum fixum an der Spina mentalis. Gleichzeitig erhöht sich die Spannung in den vorderen Anteilen der Mm. digastricus und mylohyoideus, beide mit Punctum fixum an der Mandibula, um das Zungenbein zu stabilisieren.

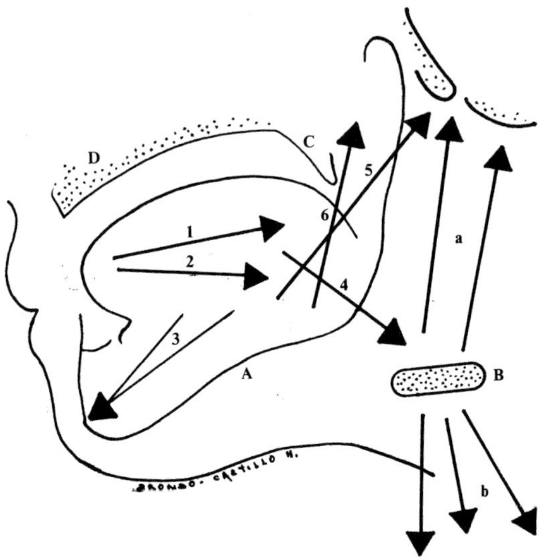

Abb. II/21: Zungenmuskelsynergien.
Mandibula (A), Zungenbein (B), Gaumensegel (C), harter Gaumen (D).
Elevation und Retraktion der Zunge: M. longitudinalis superior (1), M. styloglossus (5), M. palatoglossus (6). Stabilisation des Zungenbeins durch die Kontraktion der oberen Zungenbeinmuskulatur (a).
Depression und Retraktion der Zunge: M. longitudinalis inferior (2), M. hyoglossus (4). Stabilisation des Zungenbeins durch die Kontraktion der unteren Zungenbeinmuskulatur (b).
Zungenprotrusion: M. genioglossus (3). (Zeichnung Brondo)

Der Dondersche Raum

Er befindet sich zwischen dem Zungenrücken und dem harten und weichen Gaumen. Er ist eine Höhle, die sich je nach Kopf- und Zungenstellung verändert. Bei Flexion des Kopfes verkleinert sich der Raum, da die Zunge an den harten und weichen Gaumen gedrückt wird; es herrscht ein positiver Druck. Bei minimaler Reklination des Kopfes und bestehendem Lippenkontakt, senkt sich die Zunge nach hinten/unten, der Raum vergrößert sich; es herrscht ein negativer Druck. Im Ruhezustand befinden sich im Donderschen Raum kleine Speichelbläschen, welche platzen, wenn sie beim Schlukken durch die Zunge komprimiert werden. Diese Energie hilft mit bei der Beförderung des Nahrungsbolus in den Rachen.

6. *Gaumensegelmuskulatur*

- M. tensor veli palatini,
- M. levator veli palatini,
- M. uvulae,
- M. palatoglossus,
- M. palatopharyngeus.

M. tensor veli palatini: Er entspringt an der Schädelbasis (Spina ossis sphenoidalis bis zur Wurzel des Processus pterygoideus) und vom membranösen Teil der Tuba auditiva. Er steigt abwärts und endet in einer Sehne, die um den Hamulus pterygoideus herumläuft und horizontal in die Gaumenaponeurose einstrahlt.

Funktion: spannt und hebt das Gaumensegel.

M. levator veli palatini: Er entspringt an der Schädelbasis (Gegend der Öffnung des Karotiskanals) und vom unteren Rand des Tubenknorpels. Die Fasern ziehen diagonal nach unten/innen und setzen breitflächig an der Hinterseite des Gaumensegels an. Die Fasern überkreuzen sich mit denen der Gegenseite.

Funktion: hebt das Gaumensegel nach hinten/oben.

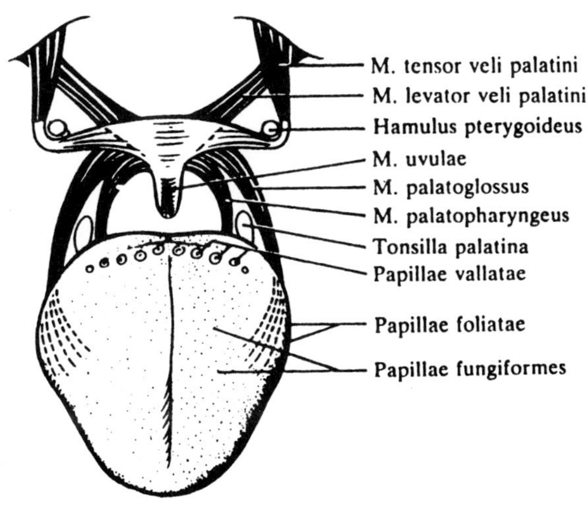

Abb. II/22: Gaumensegelmuskulatur. (Aus: Rohen, J.: Funktionelle Anatomie des Menschen, Schattauer).

M. uvulae: Er hat eine zylindrische Form und befindet sich an der Hinterseite des Gaumensegels zu beiden Seiten der Mittellinie. Er entspringt an der Spina nasalis posterior und an der Gaumenaponeurose. Die Fasern verlaufen nach unten/hinten bis zur Uvulaspitze.

Funktion: verkürzt die Uvula und hebt sie nach hinten.

Muskelsynergie für das Heben des Gaumensegels: Als erstes kontrahiert sich der M. tensor veli palatini, mit Punctum fixum an der Schädelbasis. Der Hamulus pterygoideus wirkt wie ein Flaschenzug; auf diese Weise spannt sich das Gaumensegel. Als nächstes kontrahiert sich der M. levator veli palatini, ebenfalls mit Punctum fixum an der Schädelbasis. Das Gaumensegel hebt sich und das freie Ende kommt in Kontakt mit der hinteren Rachenwand. Der Abschluß des Nasenrachens vom Mundrachen durch das Gaumensegel wird vervollständigt durch die Kontraktion des M. uvulae.

M. palatoglossus: Beschreibung: s. äußere Zungenmuskulatur.

M. palatopharyngeus: Er ist ein langer, in seinem mittleren Anteil dichter Muskel, der den hinteren Gaumenbogen des Gaumensegels bildet. Er entspringt an der Gaumenaponeurose, die Fasern öffnen sich fächerförmig,

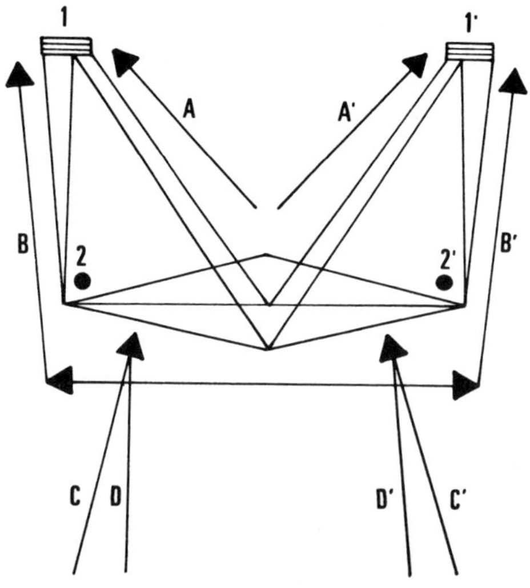

Abb. II/23: Gaumensegelmuskulatur. Schädelbasis (1), Hamulus pterygoideus (2). M. levator veli palatini (A), M. tensor veli palatini (B), M. palatoglossus (C), M. palatopharyngeus (D).
Die Pfeile zeigen die Kontraktionsrichtung der Muskeln zum Punctum fixum an. (Zeichnung Brondo/Castillo Morales)

ziehen abwärts zur hinteren Rachenwand und gehen in die Längsmuskulatur des Schlundrohres über.

Funktion: nähert die hinteren Gaumenbögen der Mittellinie an; als Punctum fixum dient die Gaumenaponeurose.

Innervation der Gaumensegelmuskulatur: N. vagus.

7. Schlundmuskulatur

7.1 Äußere Schlundmuskulatur

– M. constrictor pharyngis superior,
– M. constrictor pharyngis medius,
– M. constrictor pharyngis inferior.

M. constrictor pharyngis superior: Er entspringt an der Innenfläche des Processus pterygoideus bis nahe am Hamulus pterygoideus, der Raphe pterygoidea und an der Linea mylohyoidea. Die Fasern ziehen nach hinten an der lateralen Wand des Rachens vorbei zur hinteren Rachenwand und setzen an der Raphe pharyngis an.

Funktion: oberer Schlundschnürer.

M. constrictor pharyngis medius: Er entspringt am großen und kleinen Zungenbeinhorn. Die Fasern ziehen nach hinten zur Raphe pharyngis und überdecken die Fasern der Mm. constrictor pharyngis sup. und inf.

Funktion: Schlundschnürer.

M. constrictor pharyngis inferior: Er entspringt an der Außenfläche des Schild- und Ringknorpels. Die Fasern ziehen fächerförmig nach hinten und setzen an der mittleren Raphe an. Die unteren Fasern strahlen in die ringförmigen Fasern der Speiseröhre ein.

Funktion: unterer Schlundschnürer.

7.2 Innere Schlundmuskulatur

– M. stylopharyngeus,
– M. palatopharyngeus,
– M. salpingopharyngeus.

M. stylopharyngeus: Er entspringt an der Innenfläche des Processus styloideus. Die Fasern ziehen nach hinten/innen und setzen teils an der Submukosa der Innenfläche der oberen und mittleren Schlundschnürer an, teils am oberen Rand des Schildknorpels.

Funktion: Elevation und Verengung des oberen Schlundes.

M. palatopharyngeus: Beschreibung: siehe unter Gaumensegelmuskulatur.

Funktion: Schlundheber und Verengung des Isthmus faucium.

M. salpingopharyngeus: Er entspringt am unteren Rand des Tubenknorpels. Die Fasern ziehen nach unten und überkreuzen sich mit denen des M. palatopharyngeus.

Funktion: Elevation des Schlundes.

Innervation: alle Schlundmuskeln sind durch den Plexus pharyngeus innerviert, welcher ein Zusammenschluß von Fasern des N. vagus und N. glossopharyngeus ist.

(S. Abb. II/8: Buccinatormechanismus und Schlundmuskulatur)

8. Muskulatur für die Bewegungen des Kopfes

8.1 Muskulatur für die Rotation

M. sternocleidomastoideus (s. unter Kopfflexoren)

M. splenius cervicis: Er entspringt an den Dornfortsätzen des 4.–6. Brustwirbels und setzt an den Querfortsätzen des 1. und 2. Halswirbels an.

M. splenius capitis: Er entspringt an den Dornfortsätzen der drei oberen Brustwirbel und der vier unteren Halswirbel. Die Fasern ziehen nach oben/außen und setzen im Bereich der Processus mastoideus an.

Funktion beider Muskeln: Die bilaterale Kontraktion zieht den Kopf etwas nach hinten in die Reklination. Punctum fixum sind die Dornfortsätze der Brustwirbelsäule. Sie dienen auch der Stabilisierung der Wirbelsäule. Die einseitige Kontraktion bewirkt eine Kopfdrehung zur gleichen Seite.

Innervation: Rami dorsales C1–C8.

M. obliquus capitis inferior: Er entspringt am Dornfortsatz des Axis. Seine Fasern ziehen nach außen/oben und setzen am Querfortsatz des Atlas an.

M. rectus capitis posterior major: Er entspringt am Dornfortsatz des Axis. Seine Fasern ziehen nach oben/außen zum Okziput unterhalb der Linea nuchae inferior.

Funktion beider Muskeln: Bei einseitiger Kontraktion wird der Kopf zur gleichen Seite rotiert, bei beidseitiger Kontraktion rekliniert.

Innervation: N. suboccipitalis (C1).

8.2 Muskulatur für die Flexion

M. rectus capitis anterior: Er zieht von der Massa lateralis (atlantis) zur Pars basilaris des Os occipitale.

Funktion: Bei bilateraler Kontraktion wird der Kopf nach vorne geneigt; bei unilateraler Kontraktion hilft er mit beim Seitneigen des Kopfes.

Innervation: Plexus cervicalis (C1).

M. longus capitis: Er entspringt an den Tubercula anteriora der Querfortsätze des 3.–6. Halswirbels und zieht zur Pars basilaris des Os occipitale.

Funktion: s. M. rectus capitis anterior.

Innervation: Plexus cervicalis (C1–C4).

M. sternocleidomastoideus: Er entspringt mit einem Kopf vom Sternum, mit dem anderen von der Klavikula. Die Fasern ziehen nach hinten/oben/außen zum Processus mastoideus.

Funktion: Bei Punctum fixum an Sternum und Klavikula bewirkt er bei bilateraler Kontraktion eine Kopfbeugung. Die einseitige Kontraktion erzeugt eine Kopfdrehung zur Gegenseite und eine Kopfneigung zur gleichen Seite. Dient der Schädel beiden Muskeln als Punctum fixum, wirken sie als Einatemhilfsmuskeln.

Innervation: N. accessorius und Plexus cervicalis (C1–C2).

8.3 Muskulatur für die Lateralflexion

M. rectus capitis lateralis: Er zieht vom Querfortsatz des Atlas zum Processus jugularis des Os occipitale.

Funktion: hilft bei der Lateralflexion des Kopfes mit.

Innervation: C1.

M. scalenus anterior: Er entspringt an den Tubercula anteriora der Querfortsätze des 3.–6. Halswirbels und setzt am Tuberculum m. scaleni anterioris am inneren Rand der 1. Rippe an.

M. scalenus posterior: Er entspringt von den Tubercula posteriora der Querfortsätze der 5.–7. Halswirbel und zieht zur Außenfläche der 2. Rippe.

Funktion: Wenn beide Mm. scaleni ihr Punctum fixum an der Wirbelsäule haben, bewirken sie eine Elevation der oberen Rippen und helfen bei der Einatmung mit. Dienen die Rippen als Punctum fixum, neigen sie bei einseitiger Kontraktion die Halswirbelsäule zur gleichen Seite, bei beidseitiger Kontraktion stabilisieren sie diese, indem sie die Wirbelkörper fester aufeinander drücken.

Innervation: Plexus brachialis C5–C8.

8.4 Muskulatur für die Extension

M. rectus capitis posterior major: s. Muskulatur für die Rotation des Kopfes.

M. rectus capitis posterior minor: Er entspringt am Tuberculum posterius atlantis und setzt an im medialen Bereich der Linea nuchae inferior.

M. obliquus capitis superior: Er entspringt am Processus transversus atlantis und zieht zum Os occipitale zur Fläche zwischen der Linea nuchae superior und inferior.

Funktion: Bei beidseitiger Innervation neigen sowohl die geraden wie auch die schrägen Muskeln den Kopf nach hinten.

Innervation: N. suboccipitalis (C1).

III. Das physiologische Saugen, Schlucken und Kauen

1. Der physiologische Saugmechanismus

Das Saugen ist ganz eng verbunden mit dem multisensorischen Integrationsprozeß. Diesen definieren wir als die Fähigkeit des Zentralnervensystems, Informationen aus dem eigenen Körper oder von der Außenwelt aufzunehmen, auszuwählen und zu speichern, um dann über sie verfügen und den jeweiligen Notwendigkeiten anpassen zu können.

Viele Autoren haben auf die große Bedeutung der multisensorischen Integration hingewiesen, als Grundlage für die normale Entwicklung der physiologischen Grundbedingungen aller menschlichen Lernerfahrungen. Drei Basissysteme sind für die sensorische Integration besonders wichtig:

das vestibuläre, das propriozeptive und das taktile System.

Das letztere ist das bedeutendste in der phylogenetischen und ontogenetischen Entwicklung.

Schon zu Beginn des 3. intrauterinen Lebensmonats wird das Saugen in Verbindung mit Schluckbewegungen durch periorale Stimulation von Lippen, Wangen, Kinn, Lidern oder Zunge ausgelöst. Zu diesem Zeitpunkt besteht bereits ein funktionstüchtiges vestibuläres System, erscheinen die Haltungs- und Labyrinthreflexe und die tonischen Nackenreflexe. Durch diese werden Kopf-, Rumpf- und Extremitätenbewegungen ausgelöst, die komplexer werden, wenn es dem Fötus möglich wird, den Kopf zu drehen und den Daumen in den Mund zu nehmen, der die Saugreaktion auslöst. Zugleich ist im 3. Monat das neuromuskuläre System bis zu einem gewissen Grade entwickelt. Die ersten Muskelspindeln und motorischen Endplatten entwickeln sich in der Gesichts- und Atemmuskulatur. Dies steht in enger Verbindung mit der Entwicklung der Mechanismen des Saugens, Schluckens und der Atmung, die notwendig sind für das Überleben des Neugeborenen.

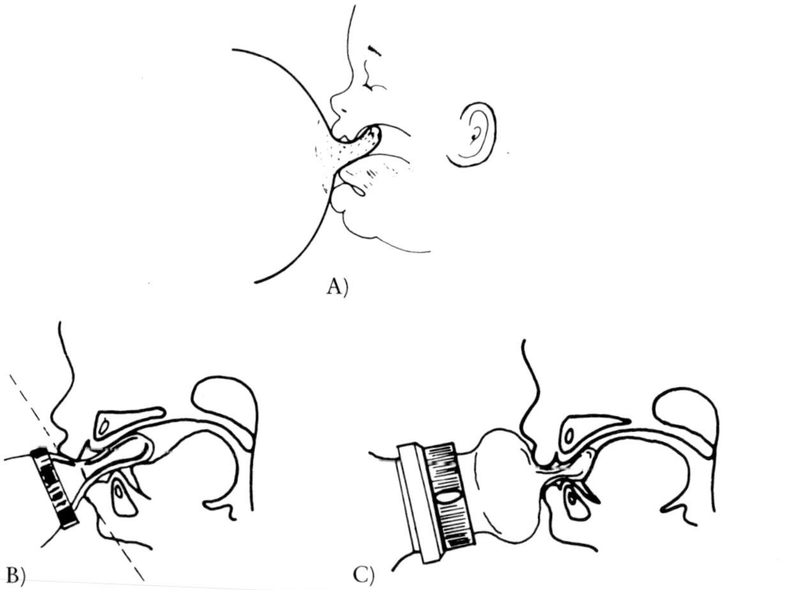

Abb. III/1 a: A) Zungenlage beim Brustsaugen. B) Zungenlage beim Saugen mit konventionellem Sauger. C) Zungenlage beim Saugen mit Nuk-Sauger. (Aus: Graber-Neumann: Aparatologia Ortodontica Removible).

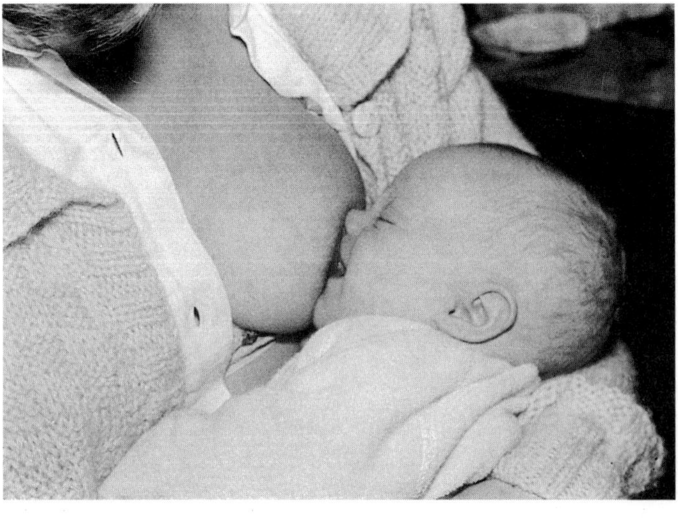

Abb. III/1 b: Brustsaugen.

1.1 Brustsaugen

Der Kiefer ist leicht geöffnet, die Brustwarze befindet sich im kindlichen Mund. Die Lippen nehmen eine C-Form an und schließen sich an die Übergangszone zwischen Brustwarze und Brustwarzenring an. Die Spannung im M. orbicularis oris und den Mm. buccinatores nimmt zu.
Die Brustwarze befindet sich in der Mundhöhle, die Lippen liegen fest am Brustwarzenring an und verschließen so die vordere Mundöffnung. Die Zunge schiebt sich nach vorne über den unteren Kieferkamm hinaus und legt sich unter die Brustwarze.
Dann erfaßt die Zunge die Brustwarze, zieht sie nach hinten/oben, bis die Brustwarzenspitze am Übergang zwischen hartem und weichem Gaumen anliegt, und drückt die Brustwarze an den harten Gaumen. Die Funktion der Zunge in Verbindung mit der Aktivität des Buccinatormechanismus erzeugt einen negativen Druck im Mund, wodurch das Saugen ausgelöst wird.
Diese Aktivität wird verstärkt durch die Elevationsbewegungen der Mandibula, die den Brustwarzenhals komprimieren. Die Milch wird gegen den harten Gaumen herausgedrückt und fließt dann auf den hinteren Anteil der Zunge. Diese bewegt sich in einem Winkel von 45 Grad nach hinten und befördert die Milch nach hinten/unten in den Rachen.

1.2 Flaschensaugen

Der Kiefer ist leicht geöffnet und der mit Milch gefüllte Sauger befindet sich in der Mundhöhle zwischen Zunge und Gaumenwölbung. Die Saugerspitze sollte am Übergang zwischen hartem und weichem Gaumen liegen. Der Saugerhals wird durch die Lippen gehalten, die eine O-Form annehmen und die Mundhöhle vorne verschließen. Hinten ist die Mundhöhle abgeschlossen durch den Kontakt des unteren Teils des Gaumensegels mit dem Zungenrükken.
Die Mandibula hebt sich, der Hals des Saugers wird zwischen dem oberen Kieferkamm von oben und der Zungenspitze von unten komprimiert. Diese Bewegung drückt einen kleinen Teil des Saugerinhalts in den Mund, der andere Teil wird wieder zurück in die Flasche gedrückt.
Die wichtigste Bewegung, damit die Milch in den Mund fließen kann, ist die Zungenbewegung nach hinten und unten.

2. *Der physiologische Schluckmechanismus*

Unter dem Schluckvorgang versteht man die Aktivität, durch die die Nahrung vom Mund in den Magen befördert wird. So einfach wurde dieser höchstkomplizierte Vorgang, der selbst heute der Wissenschaft noch unlösbare Aufgaben stellt, einst von Littré definiert. Sehr viele Forscher haben sich mit diesem Thema beschäftigt; einer der ersten war Magandie (1783–1855), der zusammen mit Heuermann den Schluckvorgang in drei Phasen unterteilte:

– die orale Phase (Mundphase),
– die pharyngiale Phase (Rachenphase) und
– die ösophagiale Phase (Speiseröhrenphase).

Außerdem haben sie als erste die herausragende Funktion der Epiglottis beschrieben.

Die Arbeiten von Cannon (1898) eröffneten neue Forschungsmöglichkeiten durch das Einführen der Radioskopie mit Kontrastmittel.

In den letzten Jahren brachten die Fortschritte in der Neuroelektrophysiologie neue Erkenntnisse.

Basmajian und Dutta (1961), Cunningham und Basmajian (1969) führten die ersten elektromyographischen Untersuchungen an den Muskeln durch, die am Schluckvorgang beteiligt sind. Die Arbeiten von Raimbault, Le Moing und Laget (1977) über elektromyographische Studien des Schluckvorganges beim Säugling waren für die Forschung von äußerster Wichtigkeit. Mit dem EMG wurde die bioelektrische Aktivität aller erreichbaren Muskeln während der verschiedenen Phasen des Schluckvorganges untersucht und damit auch der funktionelle Zustand der sie innervierenden Nerven. Der am leichtesten zu untersuchende Nerv war der N. hypoglossus. Das EMG macht es möglich, alle Schluckstörungen aufzudecken, die durch zentrale oder periphere Nervenschädigungen verursacht sind. Außerdem können funktionelle Asymmetrien diagnostiziert werden, die verantwortlich sind für bestimmte Probleme beim Schlucken.

Im folgenden werden die drei Phasen des Schluckvorganges beschrieben.

2.1 *Mundphase*

In der Mundphase wird ein willkürlicher Vorgang in Gang gesetzt, durch den der Nahrungsbolus (schon geformt durch das vorangegangene Kauen) vom Zungenrücken über die Schlundenge zum Rachen befördert wird. Die

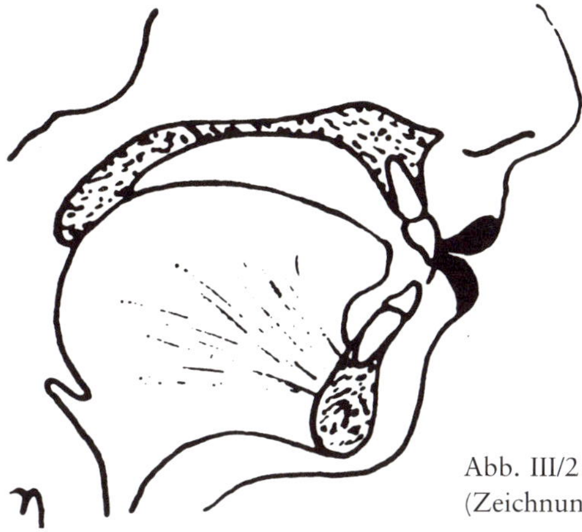

Abb. III/2: Mund im Ruhezustand.
(Zeichnung Björk und Lundström)

hintere Begrenzung bilden dabei der vordere Gaumenbogen, der dorsale Teil der Zunge und das Gaumensegel.
Im Ruhezustand ist die Mandibula leicht gesenkt und nach vorne verlagert. Die Zunge ruht auf dem Mundboden, die Zungenspitze ist in Kontakt mit den unteren Schneidezähnen. Die Lippen liegen aufeinander. Das Gaumensegel berührt den Zungenrücken.
Die gekaute und eingespeichelte Nahrung befindet sich über der Zungenspitze, hinter den oberen Schneidezähnen, und wird dann in den Raum zwischen dem Zungenrücken und der Gaumenwölbung (Donderscher Raum) befördert. Die Zunge senkt sich mit ihrem mittleren Anteil und paßt sich dem Nahrungsbolus an. Sofort anschließend hebt sich die Zungenspitze und legt sich auf der Innenseite der oberen Zahnreihe und an den harten Gaumen an. Die Zungenwurzel senkt sich. Diese zwei gleichzeitig erfolgenden Bewegungen formen die Zunge zu einer schiefen Ebene, die nach hinten/unten abfällt. Der vordere Anteil der Zunge hebt sich, wird gegen den harten Gaumen gedrückt, der Nahrungsbolus wird nach hinten befördert. Fast gleichzeitig führt der hintere Anteil der Zunge eine ruckartige Bewegung nach oben/hinten aus und der Nahrungsbolus wird durch die Schlundenge in den Rachen gestoßen. Im gleichen Moment beginnt sich das Gaumensegel zu heben, bis es Kontakt mit der hinteren Rachenwand hat. Dadurch verschließt das Gaumensegel die Öffnung zum Nasopharynx und zu den Nasenhöhlen. Zusammen mit der Elevation des Gaumensegels heben sich auch das Zungenbein und der Kehlkopf.

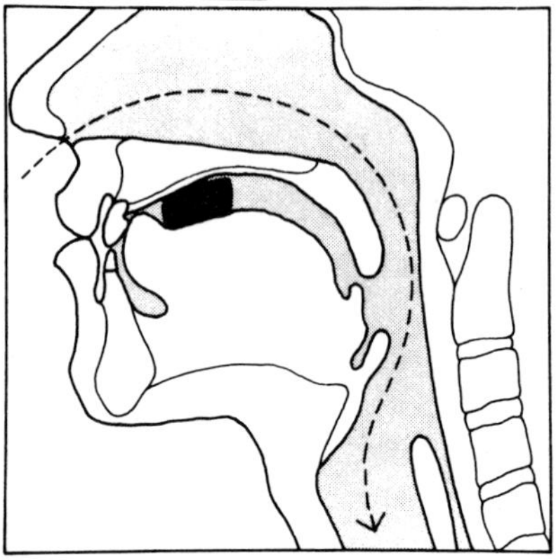

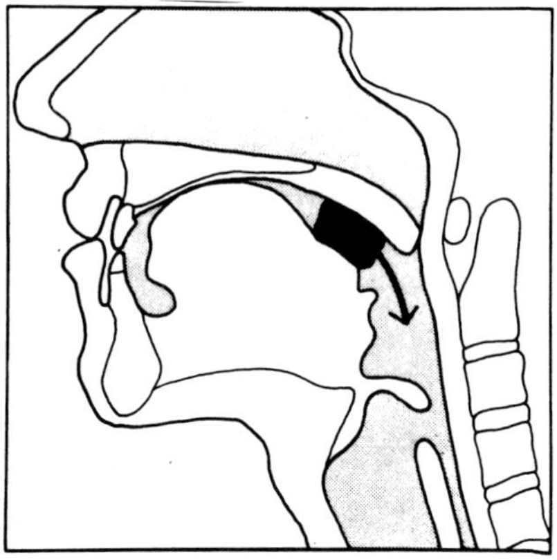

Abb. III/3: Der Nahrungsbolus befindet sich zwischen dem Zungenrücken und dem harten Gaumen. Die Zähne sind in passivem Kontakt. Das Gaumensegel ist entspannt. Die gestrichelte Linie markiert den durchlässigen Luftweg.

Abb. III/4: Der vordere Anteil der Zunge ist in Kontakt mit dem harten Gaumen. Der hintere Anteil bildet eine schiefe Ebene, die zum Rachen hin abfällt, was die Beförderung des Nahrungsbolus durch die Schlundenge erleichtert. Das Gaumensegel beginnt sich zu heben, die Epiglottis senkt sich.

(Abb. III 3 bis 8 aus Schalch, F.: Schluckstörungen und Facialislähmung. G. Fischer, Stuttgart 1984.)

2.2 Rachenphase

In der Rachenphase wird der Nahrungsbolus vom Rachen zur Speiseröhre über den Oropharynx und Hypopharynx befördert. Die Rachenphase beginnt, wenn der Bolus die Schlundenge passiert hat und endet am Eingang der Speiseröhre. Diese Phase ist rein reflektorisch.

Damit der Nahrungsbolus den Rachen passieren kann, müssen alle Öffnungen des Luftweges verschlossen werden. Die Mundhöhle ist vorne durch den Lippen- und Kieferkontakt verschlossen, hinten durch die gehobene Stellung des Zungenrückens zusammen mit der Kontraktion der vorderen Gaumenbögen (M. palatoglossus). So ist der Rachen von der Mundhöhle abgeschlossen und ein Reflux der Nahrung in den Mund wird verhindert. Das Gaumensegel ist in Kontakt mit der hinteren Rachenwand. Die Mm. stylopharyngeus und palatopharyngeus kontrahieren sich und nähern die hinteren Gaumenbögen der Mittellinie an. So wird die obere und hintere Öffnung noch fester verschlossen. Die Kehlkopföffnung verschließt sich durch einen komplexen Mechanismus:

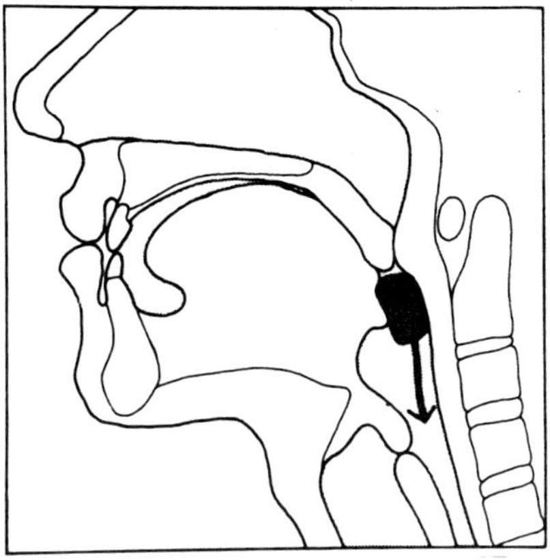
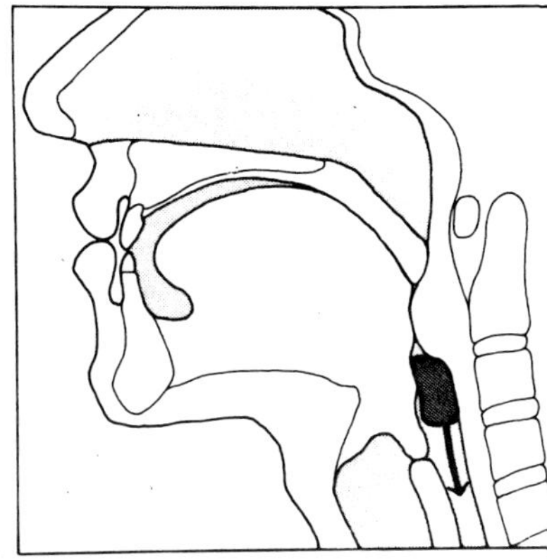

Abb. III/5: Die Luftwege sind abgeschlossen und somit ein Reflux der Nahrung in die Mundhöhle oder in den Nasenrachen unmöglich. Die Epiglottis ist gesenkt.

Abb. III/6: Der Nahrungsbolus wird weiter durch den Rachen bis zum oberen Eingang der Speiseröhre befördert. Die Zungenwurzel und das freie Ende des Gaumensegels sind in Kontakt mit der hinteren Rachenwand.

– durch die Zungenwurzel,
– durch die Epiglottis und
– durch eine Adduktion der Stimmritzen.

Auch durch den Hustenreflex wird die Kehlkopföffnung verschlossen, wenn ein Nahrungspartikel in den Kehlkopf gelangt.

Der Nahrungsbolus wird durch eine momentane Druckveränderung im Rachen und im oberen Teil der Speiseröhre in Richtung Speiseröhre aspiriert. In dem Moment, in dem der Nahrungsbolus durch die Zungenbewegung, die nach hinten/aufwärts gerichtet ist, weiterbefördert wird, öffnet sich der Rachen und drei Öffnungen werden abgeschlossen: Mund, Nasenhöhlen und Kehlkopf. Es entsteht ein negativer Druck durch das Weiten des Rachens und das Nach-hinten-Bewegen der Zunge. Atkinson beschrieb das Phänomen dieses Sogs zum ersten Mal.

Außerdem wird eine peristaltische Welle ausgelöst durch die Kontraktion der Konstriktoren. Durch die Öffnung des oberen Speiseröhrensphinkters fällt der Druck plötzlich ab, der Bolus kann in die Speiseröhre eintreten. Anschließend nimmt der Druck sofort wieder zu. Die Rachenphase ist beendet, wenn der Nahrungsbolus in die Speiseröhre gelangt. Es folgt das Senken des Kehlkopfes und des Gaumensegels zurück in die Ruhehaltung. Der Luftweg ist wieder durchlässig.

2.3 *Speiseröhrenphase*

In der Speiseröhrenphase wird der Nahrungsbolus von der oberen Speiseröhrenöffnung, der Verbindung zum Hypopharynx, bis zur unteren Öffnung, der Verbindung zum Magen, befördert. Eine reflektorische peristaltische Welle schiebt den Nahrungsbolus durch die Speiseröhre.
Aus didaktischen Gründen trennen wir die Beschreibung der Vorgänge am oberen und unteren Speiseröhrensphinkter und in der Speiseröhre.
Im Ruhezustand ist die obere Speiseröhrenöffnung durch eine tonische Kontraktion geschlossen, um den Eintritt von Luft während des Atemvorganges zu verhindern. Beim Schlucken öffnet sich der Sphinkter kurz bevor der Nahrungsbolus die Schlundenge passiert und bleibt offen, bis der Bolus in die Speiseröhre eingetreten ist. Danach schließt sich der Sphinkter wieder. Dies geschieht durch einen Inhibitions-/Exitationsmechanismus.
In der Speiseröhre wird der Bolus durch eine peristaltische Welle weiterbefördert. Nach Meltzer besteht diese peristaltische Welle aus einer primären und einer sekundären bzw. Hilfswelle. Die Primärbewegung wird erzeugt durch das Schlucken. Sie besteht aus einer wellenförmigen, schnürenden Kontraktion hinter dem Nahrungsbolus.

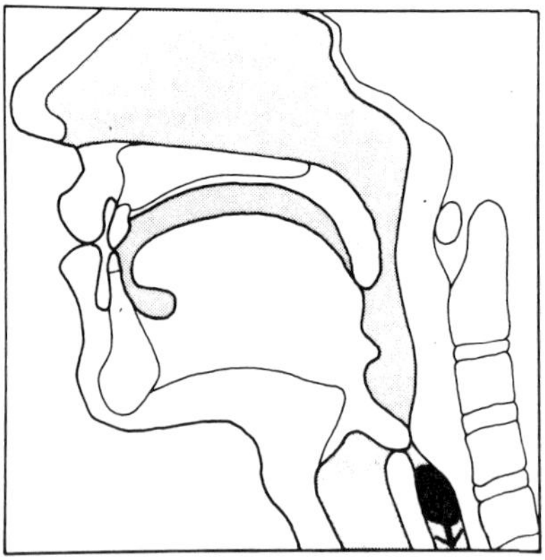

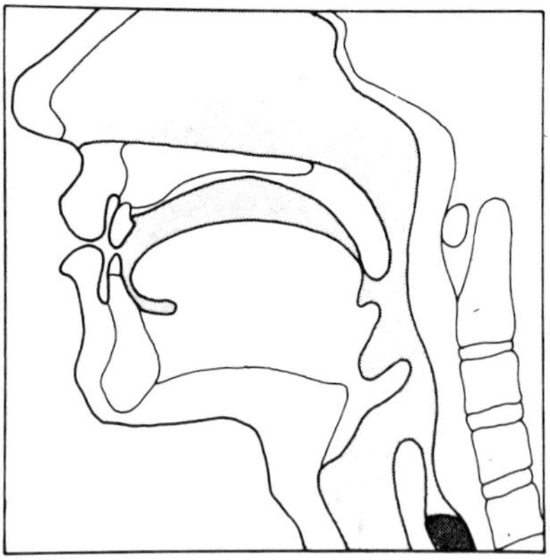

Abb. III/7: Der Nahrungsbolus tritt in die Speiseröhre ein. Das Gaumensegel ist entspannt und das freie Ende wieder in Kontakt mit dem hinteren Zungenrücken. Die Glottis ist noch geschlossen.
Abb. III/8: Eine peristaltische Welle befördert den Nahrungsbolus bis zum unteren Ende der Speiseröhre. Die Epiglottis wird gehoben, der Luftweg, der für einen Bruchteil einer Sekunde unterbrochen war, ist wieder durchlässig.

Die Nahrung wird in einer Geschwindigkeit von 2–4 cm pro sec weiterbefördert. Diese Geschwindigkeit ist nicht konstant auf dem ganzen Weg durch die Speiseröhre, sondern ist bedingt durch die verschiedenartigen Strukturen des Speiseröhrenkörpers (Ingelfinger, Taylor u. a.).
Das obere Drittel besteht aus quergestreiften Muskelfasern, das mittlere aus quergestreifter und glatter Muskulatur und das untere aus glatten Muskelfasern.
Auch die sekundäre peristaltische Welle ist ein Auslöser für die Beförderung des Nahrungsbolus. Sie ist eine Reflexantwort auf lokale Stimulation, die durch Kontakt des Nahrungsbolus mit der Ösophaguswand verursacht wird.
Der untere Speiseröhrensphinkter ist in Ruhe geschlossen, um den Reflux des Magensaftes in die Speiseröhre zu verhindern. Während des Schluckens öffnet sich der Sphinkter in 1,5–2,5 sec. Das Öffnen steht in direktem Zusammenhang mit dem Druck, den der Nahrungsbolus auf ihn ausübt. Voraussetzung für das Eintreten des Nahrungsbolus in den Magen ist die reflektorische oder willkürliche Entspannung der Bauchmuskulatur.

3. Der physiologische Kaumechanismus

Das Kauen ist ein Teil des Ernährungsprozesses und wird in vier Phasen unterteilt:
Annäherungsphase: Sie bezieht sich darauf, wie die Nahrung zum Mund gelangt. Dies wird u. a. beeinflußt durch verschiedenartige sozio-kulturelle Bräuche.

Greifphase: Die Mandibula wird gesenkt, angepaßt an die Größe der Nahrung. Die Lippen sind geöffnet und bereit, die Nahrung zu ergreifen.

Abbeißphase (Inzisionsphase): Die Nahrung ist in Kontakt mit beiden Zahnreihen, stabilisiert durch die Aktivität des M. orbicularis oris. Durch das Senken der Mandibula werden die Unterkieferheber gedehnt, vor allem die Mm. masseter, und dadurch die Propriozeptoren der Muskelspindeln aktiviert. Der Impuls wird über die afferente Bahn zum Trigeminuskern geleitet. Von dort aus läuft der Impuls über die efferente Bahn direkt zu den extrafusalen Fasern und gibt den Auftrag zur Kontraktion, was ein Heben der Mandibula bewirkt.

Zerkleinerungsphase (Triturationsphase): Die Nahrung wird durch die Aktivität der Zunge, den Buccinatormechanismus und die verschiedenen Mandibulabewegungen in Kontakt mit den Kauflächen der Backen- und Mahlzähne gehalten und zermalmt. In dieser Phase wird die zermalmte Nahrung eingespeichelt. Es formt sich der Nahrungsbolus.
Das Kauen wird vorbereitet durch die Beißreaktion. Diese ist beim Säugling auszulösen durch die Stimulation des Zahnfleisches oder durch Berührung der vestibulären Seite der Pterygomandibularfalte. Die Antwort ist ein Öffnen und Schließen des Kiefers. Diese Reaktion bleibt normalerweise bis zum 6./7. Lebensmonat bestehen. Ihre Inhibition ist ein Prozeß, der in dem Maße fortschreitet, wie sich das willkürliche Kauen entwickelt. Mit dem Durchbrechen der ersten oberen und unteren Schneidezähne kommt es zu Okklusionskontakten, die an das Zentralnervensystem propriozeptive Informationen weiterleiten und die Koordination der Kaubewegungen ermöglichen. Zum Zeitpunkt des vollständigen ersten Zahndurchbruches sprechen wir von einem reifen Kaumuster, das jedoch ständigen Veränderungen unterworfen ist.

Ernährung

Eine richtige Ernährung ist Grundlage für Wachstum und Entwicklung des Menschen. Es hängt u. a. von bestimmten Merkmalen der Ernährung ab, in welchem Maße die Bewegungsmuster, die mit der Nahrungsaufnahme in Verbindung stehen, im Laufe des Reifungsprozesses immer komplexer werden. Bewegung sowie die Beschaffenheit und Form der Nahrung stimulieren fortlaufend die peripheren Rezeptoren des orofazialen Komplexes.
Im folgenden beziehen wir uns auf die normale Ernährungsfolge im ersten Lebensjahr, die von großer Bedeutung ist und auch in der Therapie respektiert werden muß:

- flüssige Nahrung – 1. Quartal,
- halbflüssige Nahrung – 2. Quartal,
- halbfeste Nahrung – 3. Quartal,
- feste Nahrung – 4. Quartal.

Dies ist die ideale Sequenz, doch wieviel Zeit tatsächlich für jede Etappe benötigt wird, hängt vom einzelnen Kind ab, sowie von sozio-kulturellen Faktoren. Daher darf dieses Konzept nicht zu rigide gesehen werden.
Für Mütter von Kindern mit zerebralen Bewegungsstörungen, Kiefer-Gau-

menspalten, Cornelia-de-Lange-Syndrom, Down-Syndrom, Moebius-Syndrom u. a., kann die Ernährung ihrer Kinder äußerst schwierig sein. Während der Essenssituation findet eine enge Kommunikation zwischen Mutter und Kind statt. Es ist lebenswichtig, daß das Kind genügend Nahrung zu sich nimmt, aber oft hat es nicht die Reife, um die Nahrung problemlos zu sich nehmen zu können. Dies steigert die Angst der Mutter, ihr Kind nicht ausreichend zufriedenstellen zu können, wobei es beim Essen nicht nur um nutritive Bedürfnisse geht, sondern auch um affektiv-emotionale Bedürfnisse. Mit diesen schlechten Erfahrungen beginnen erste Frustrationen der Mutter-Kind-Beziehung.

In den ersten vier Monaten ernährt sich der Säugling unter Ausnützung der Saugreaktion, wobei Lippen-, Wangen- und Zungenmuskulatur zusammenwirken. Bei Kindern, die von Geburt an große Schwierigkeiten beim Saugen haben, muß der Therapeut als Unterstützung für die Eltern tätig werden.

Der Sequenz folgend beginnen die Mütter nach dem vierten Lebensmonat, den Löffel einzuführen. Die mit dem Löffel angebotene Flüssigkeit wird zu Beginn eingesaugt, wobei die Zunge die wichtigste Rolle spielt. Der Säugling benutzt auch die Lippen; häufig ist zu beobachten, daß die Flüssigkeit in den Mund gelangt und sofort mit dem Zungenstoß nach vorne wieder herauskommt. Manchmal formen sich kleine Speichel- und Luftbläschen.

Mit etwa sechs Monaten hat das Kind ausreichend Aufrichtung von Kopf und Rumpf entwickelt und kann mit Hilfe sitzen. Zu diesem Zeitpunkt gebraucht das Kind die Lippen mehr, um Flüssigkeiten und halbfeste Nahrung in den Mund aufzunehmen und sie anschließend zu schlucken. Ungefähr einen Monat benötigt das Kind, bis es diesen Vorgang korrekt ausführen kann. Die ersten Versuche sind ungeschickt und es fallen häufig Nahrungsteile aus den Mundwinkeln.

Der Kauvorgang unterliegt das ganze Leben hindurch ständigen Veränderungen.

Kinder mit Problemen im orofazialen Bereich beobachten wir während der Nahrungsaufnahme und stellen alle Faktoren fest, die von der Normalität abweichen, um die Hauptprobleme des Kindes herauszufinden. Das Ziel der Behandlung ist es dann, die neuromuskulären Strukturen vorzubereiten, um die Koordination der Nahrungsaufnahme zu verbessern, wobei immer auch das Verhalten des Kindes berücksichtigt werden muß.

IV. Pathologien des orofazialen Komplexes

Wir beschränken uns darauf, in diesem Kapitel die am häufigsten auftretenden orofazialen Pathologien zu beschreiben:

- beim Down-Syndrom,
- bei Zerebralparesen,
- bei Fazialisparesen.

1. Die orofaziale Pathologie des Down-Syndroms

Die orofaziale Pathologie, mit der das Kind mit Down-Syndrom geboren wird, bezeichnen wir als Primärpathologie. Kommen weitere Elemente zu dieser anfänglichen Disharmonie hinzu, sprechen wir von Sekundärpathologie.

Die Pathologie des Down-Kindes ist noch sehr variabel, im Unterschied zum Erwachsenen. Jedes dieser Kinder weist individuelle Charakteristika auf und unterscheidet sich von anderen.

Abb. IV/1 (links): Neugeborenes mit Down-Syndrom: Ober- und Unterkiefer sind in guter Stellung zueinander.
Abb. IV/2 (rechts): Kind mit Down-Syndrom mit leicht geöffnetem Mund, hypotonen Lippen und auf der Unterlippe aufgestützter Zunge.

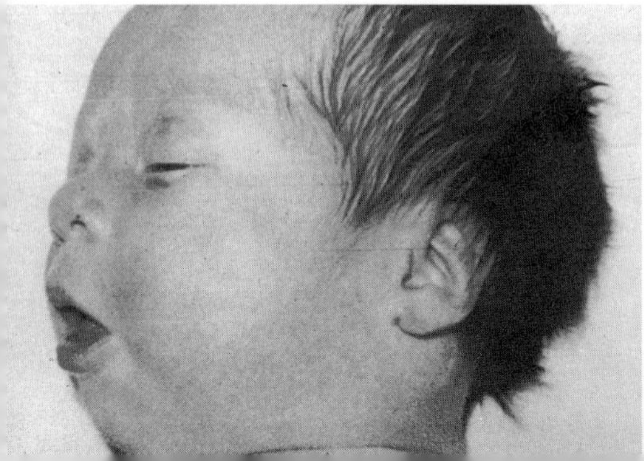

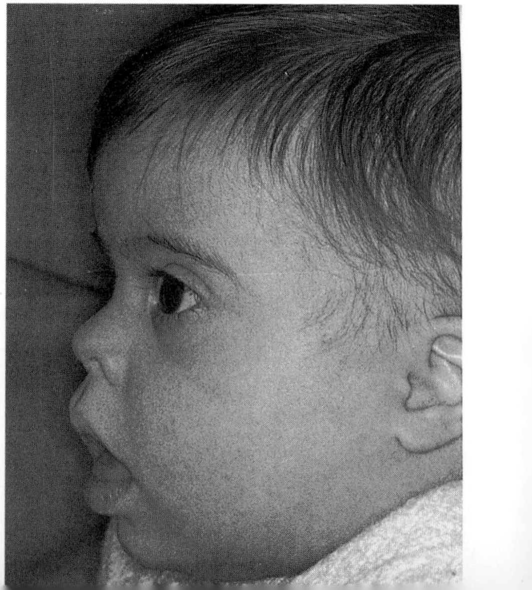

Ober- und Unterkiefer

Beim Kind mit Down-Syndrom besteht zunächst eine gute Stellung zwischen Ober- und Unterkiefer. In einigen Fällen erscheint der Unterkiefer sogar kleiner als der Oberkiefer. Im Lauf der Entwicklung verliert sich diese Stellung zwischen den beiden Kiefern zunehmend; in einigen Fällen kommt es zu einer Progenie (Vorverlagerung des Unterkiefers), die die spätere Artikulation erschwert.

Die Gründe, warum sich diese Kieferstellung verändert, sind zahlreich und müssen bei der Erstellung eines Behandlungsprogramms berücksichtigt werden.

Kopf- und Körperhaltung

Die Hypotonie und die visuellen Probleme bewirken, daß das Kind eine anormale Haltung des Kopfes und dadurch auch eine anormale Haltung der Körperlängsachse entwickelt. Dies ist in den ersten Lebensjahren besonders ausgeprägt.

Der Kopf wird rekliniert, es verstärkt sich die Halswirbelsäulenlordose, die Schultern sind protrahiert und es entwickelt sich eine ausgeprägte Dorsalkyphose. Diese läßt die lumbale Lordose verschwinden und führt im Sitzen zu einer anormalen Belastung über den Sitzbeinen.

Durch die Kopfreklination wird die Mandibula allmählich nach vorne geschoben, was noch durch weitere Faktoren begünstigt wird. Einer davon ist die Schlaffheit der Kiefergelenkbänder und die Hypotonie der Mm. temporalis und masseter, ein weiterer die Mundatmung der meisten Kinder.

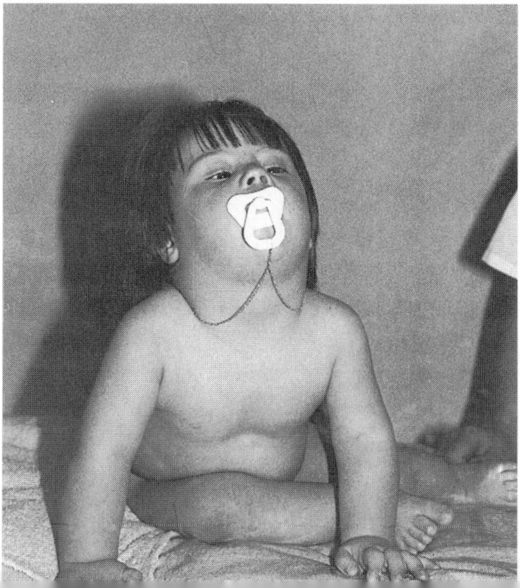

Abb. IV/3: Kind mit Down-Syndrom in pathologischer Sitzhaltung.

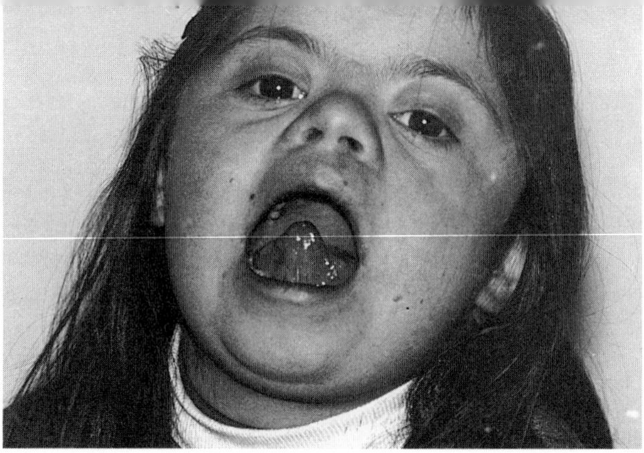

Abb. IV/4: Kind mit Down-Syndrom mit hypoplastischem Zungenbändchen.

Zunge

Die Zunge ist im Vergleich zur Mundhöhle meist zu groß, jedoch besteht relativ selten eine Makroglossie. Die Zunge ist groß, breit, klobig, hypoton und nach vorne verlagert; sie liegt auf der unteren Zahnreihe bzw. auf der vestibulären Seite der Unterlippe. Manchmal ist die Zunge groß und abgeflacht und geht seitlich über die Zahnreihen hinaus. Dies führt bei längerem Bestehenbleiben zu einem atypischen Schluckakt.
Das Zungenbändchen ist meist hypoplastisch.
Beim Erwachsenen findet man häufig an den Zungenrändern den Abdruck der Zähne. In anderen Fällen ist eine landkartenartige Anordnung der Zungenfurchen zu sehen.

Abb. IV/5: Makroglottische »Landkartenzunge«.

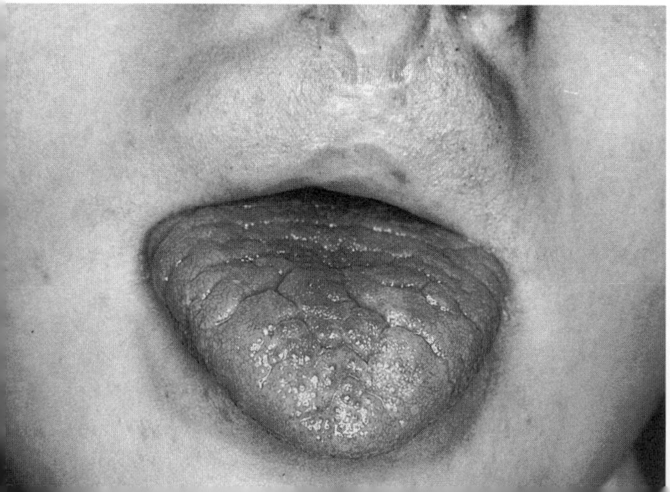

Abb. IV/6: 13jähriger Junge mit einer Makroglossie.

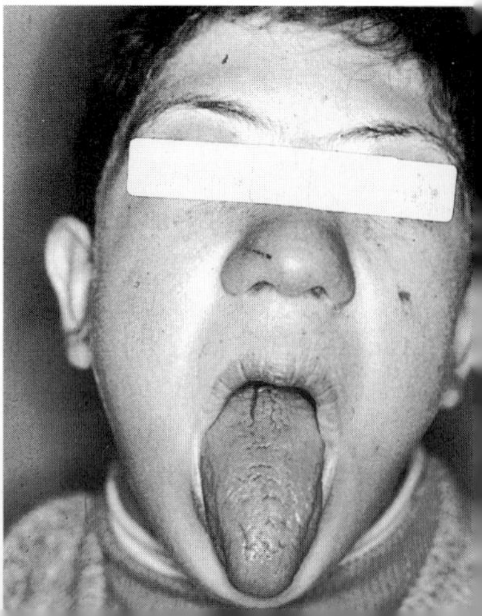

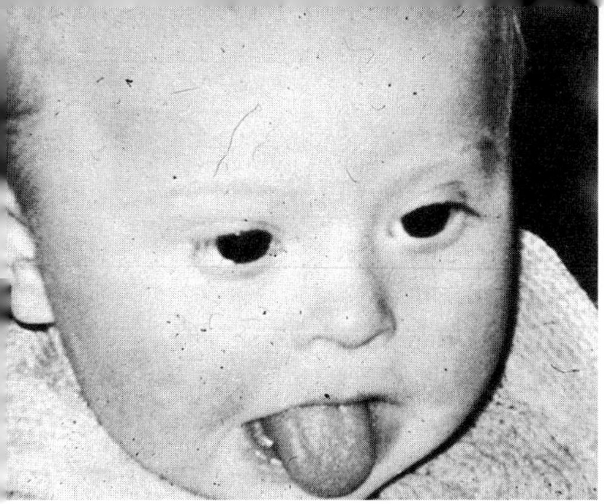

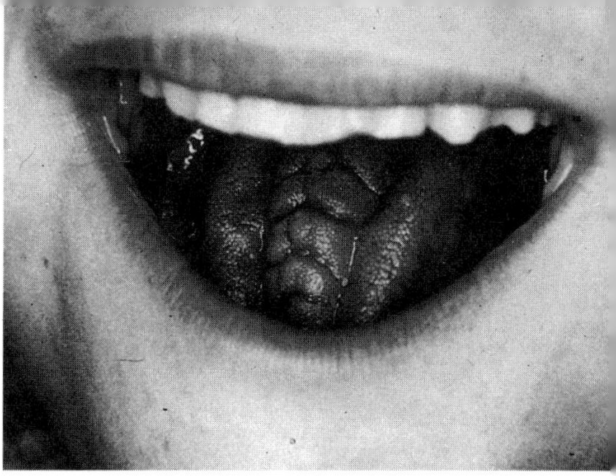

Abb. IV/7 (links): Bei Protrusion der Zunge werden zwei seitliche parallele Furchen sichtbar, klinische Manifestation der Zungendiastase.
Abb. IV/8 (rechts): Ausgeprägte Zungendiastase mit zwei lateralen Furchen und einer Erhebung im mittleren Anteil. (Foto: Dr. Hoyer, Hamburg)

Häufig kann man auf der Dorsalseite der Zunge zwei seitliche Einkerbungen oder Furchen zu beiden Seiten der Mittellinie beobachten. Diese können vollständig ausgebildet sein, von vorne nach hinten durchgehend, oder nur unvollständig im vorderen, mittleren oder hinteren Drittel. In einigen Fällen vereinigen sich beide Furchen an der Zungenspitze und bilden einen kompletten Bogen. Diese Furchen fallen nur bei Aktivität der Zunge auf, nicht aber wenn sie ruhig ist.
Zwischen den beiden Furchen bildet sich in der Mittellinie eine Erhebung, die der Form des Gaumens entspricht. Dieses Symptom nennen wir Zungendiastase.
Die Zunge des Kindes mit Down-Syndrom zeigt eine extreme Beweglichkeit. Während des Saug- und Schluckvorganges liegt sie zwischen den Kieferkämmen bzw. den Lippen, was auch bei der Artikulation bestehen bleibt.
Sind die Kinder noch klein, finden wir wellenförmige Zungenbewegungen von hinten nach vorne und eine markante Eindellung im vorderen Bereich, die später mit dem Reifen der Muskelsynergien verschwindet. Bei einem großen Prozentsatz von Kindern mit Down-Syndrom baut sich die Saugreaktion später ab als bei normal entwickelten Kindern. Man kann außerdem beobachten, daß bei Erschöpfung, Ruhe oder Müdigkeit die Kinder oft an ihrer Zunge saugen und dabei ein charakteristisches Geräusch verursachen.

Zusammenfassend können wir sagen, daß das anormale Wachstum und die anormale Entwicklung des Unterkiefers durch die Hyperlordose der Halswirbelsäule, die Hypotonie der Mm. temporalis und masseter, die Überbe-

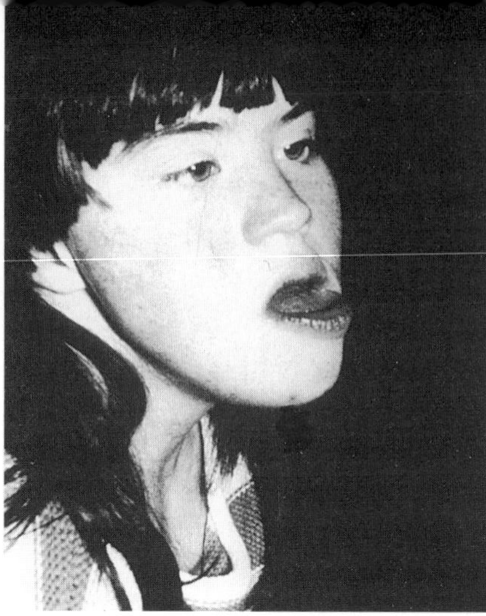 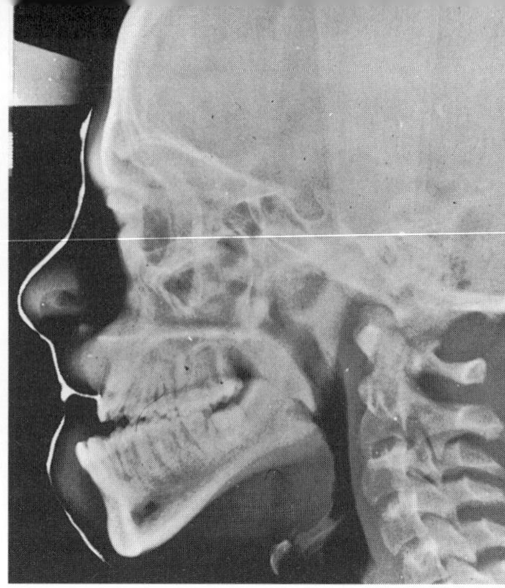

Abb. IV/9 (links): 16jähriges Mädchen mit Progenie der Mandibula und orofazialer Dyssynergie und daraus folgenden schweren Artikulationsstörungen. (Foto Dr. Limbrock, München)

Abb. IV/10 (rechts): Darstellung der anormalen Stellung zwischen Ober- und Unterkiefer anhand eines Zephalogramms.

weglichkeit des Kiefergelenkes, die Mundatmung, die vorverlagerte Zunge und den daraus entstehenden atypischen Schluckakt verursacht wird.

Lippen

Eine weitere häufige Anormalität ist die hypotone, nach außen gestülpte Unterlippe, die jedoch im Vergleich zur Oberlippe, die nur wenig Bewegung aufweist, sehr aktiv ist. Die Oberlippe ist dünn und schmal und wirkt mit ihrer Kontraktionskraft nach unten wie ein Schnürmechanismus auf den Oberkiefer. Daher findet man bei Kindern mit Down-Syndrom nie nach vorne stehende Zähne, außer in Fällen, wo zusätzlich Störungen der zerebralen Koordination bestehen (wie z. B. bei zusätzlichen zerebralen Bewegungsstörungen).

Die Kinnmuskeln sind hyperaktiv und heben die Unterlippe, was besonders während des Schluckvorganges zu beobachten ist. Auch beim Sprechen ist die Unterlippe aktiver als die Oberlippe.

Wir haben in einigen Fällen beobachtet, daß bei Kindern im Alter von etwa 3 bis 4 Jahren die Unterlippe zunehmend hypertrophiert. Die vertikalen Lippenfurchen vertiefen sich, zum Schluß bilden sich Risse oder Schrunden. Die Unterlippe stülpt sich weiter vor und verliert ihre Funktion. Außerdem

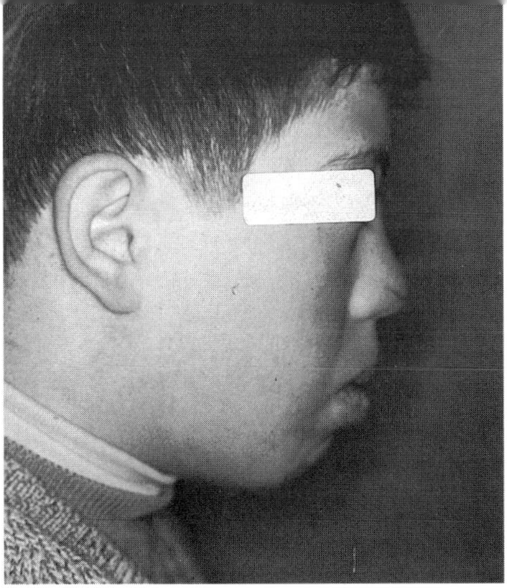
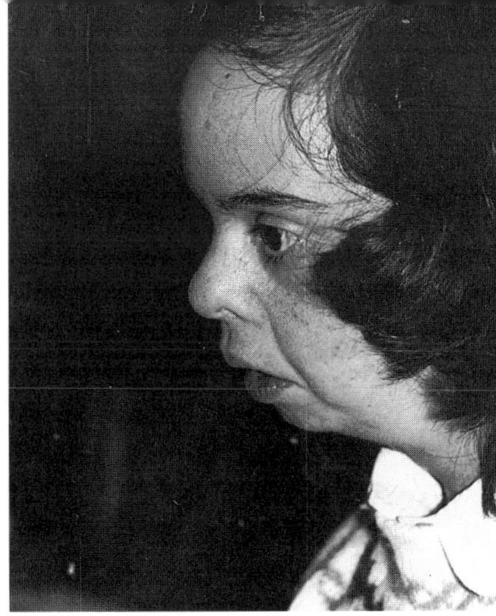

Abb. IV/11 (links): Im Profil sieht man die hypotone, nach unten und hinten verlagerte Oberlippe mit langem Philtrum und gespanntem Oberlippenbändchen. Die Mundwinkel weichen nach unten ab. Die Unterlippe ist im Vergleich zur Oberlippe hyperaktiv; die Aktivität der Unterlippe wird durch den M. mentalis verstärkt.
Abb. IV/12 (rechts): Mädchen mit Down-Syndrom und zusätzlicher Arthrogryposis, das Kiefergelenk ist betroffen. Es zeigt sich eine begrenzte Kieferöffnung, Mikrogenie, der Mundboden ist klein und die Mundbodenmuskeln sind fest gespannt. Es persistieren die ersten Zähne, der Schluckakt ist atypisch.

besteht Speichelfluß aus den Mundwinkeln, und es verbleiben Nahrungsreste im Vestibulum der Unterlippe. In diesen Fällen kommt es zu schweren Störungen bei der Nahrungsaufnahme und der Artikulation. Wir haben zwei solcher Fälle in unserem Zentrum in Cordoba gesehen, bei denen die Lippe dann durch einen chirurgischen Eingriff korrigiert werden konnte.

Abb. IV/13: Hypertrophe Unterlippe. – IV/14: Das gleiche Kind im Profil gesehen.

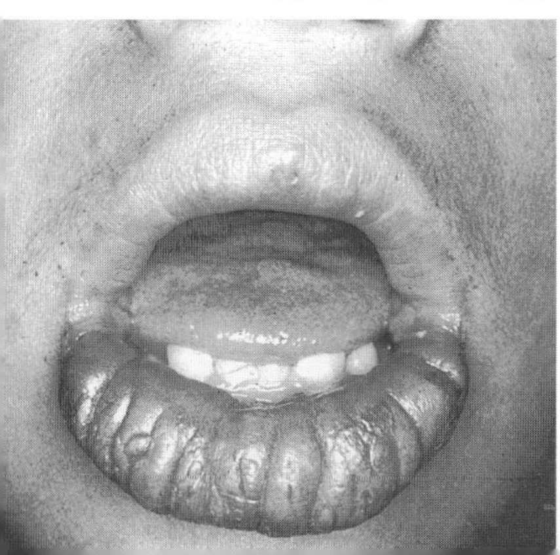
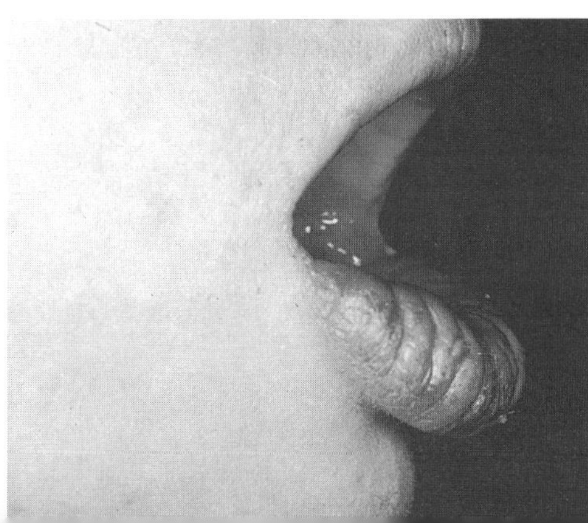

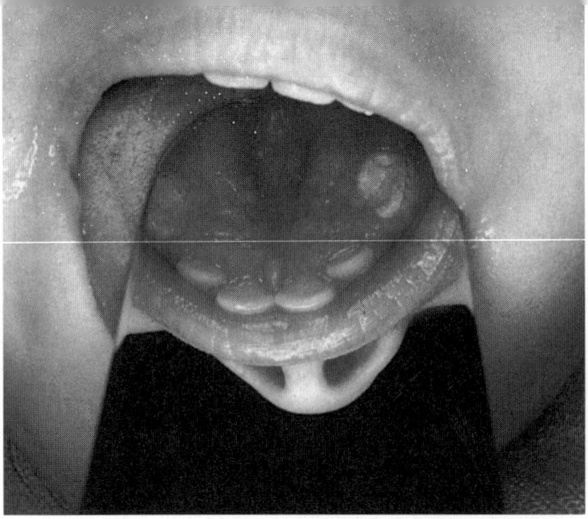

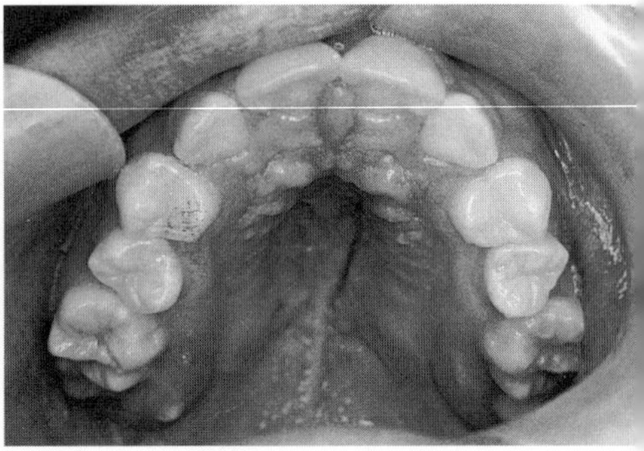

Abb. IV/15 und 16: Hoher Gaumen, Hypertrophie der Gaumenschleimhäute und prominente Gaumenfalten. Abb. 15 (links): Untersuchung mit Spiegel.

Gaumen

Der Gaumen ist klein und schmal. Die mittlere Raphe ist breit und zeigt gelegentlich ein feines, dünnes Gewebe in der Mittellinie, das perlmuttartig weiß schimmert. Es wirkt so, als ob der Zungenrücken einen Abdruck in das Gaumendach geformt hätte. Der harte Gaumen entwickelt sich mit der Zeit disharmonisch. Es ist kein typisch gotischer Gaumen, sondern ein enger hoher Gaumen, den wir als Stufengaumen bezeichnen. Das Gewebe der Gaumenschleimhaut hypertrophiert zunehmend und zwar hufeisenförmig; im zentralen Anteil bildet sich ein Spalt, der sich je nach Tiefe in verschiedene Grade einteilen läßt. Bei manchen Erwachsenen bleiben Speisereste in dieser Spalte kleben.
Diese Patienten weisen schwere Artikulationsstörungen mit ausgeprägter Nasalierung auf.

Abb. IV/17: Gipsabdrücke von Gaumen zweier Kinder mit den vorher beschriebenen Charakteristika.

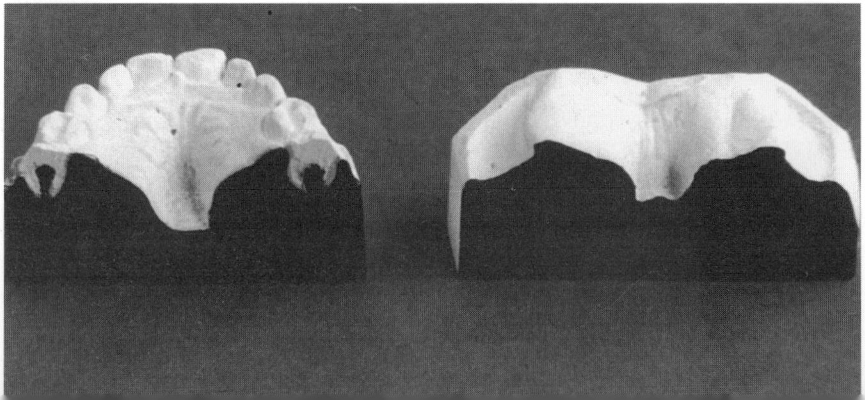

Abb. IV/18: Sehr hoher Gaumen mit auffallenden Gaumenfalten. Diesen Befund sahen wir bei einem 13jährigen Kind mit bisher guter Sprachentwicklung. Grund der Vorstellung war die fortlaufende Verschlechterung des Sprechens und ein zunehmendes Näseln. Über eine Transillumination wurde eine submuköse Gaumenspalte diagnostiziert. →

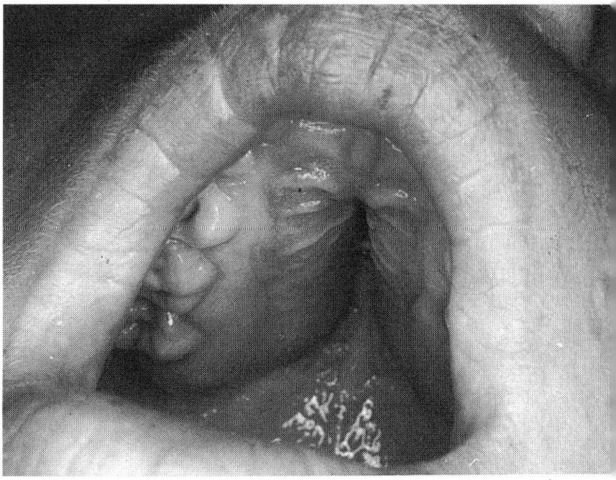

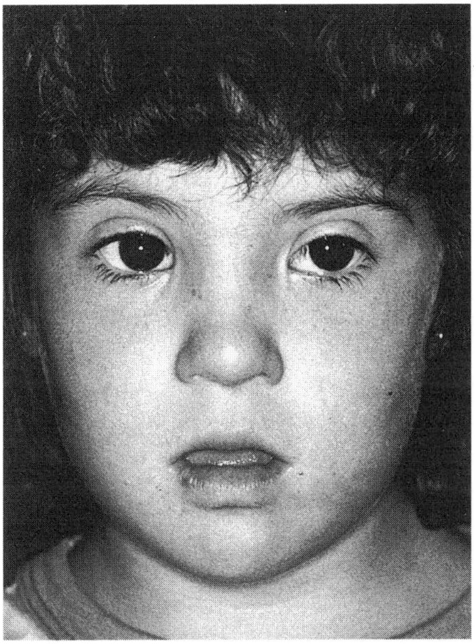

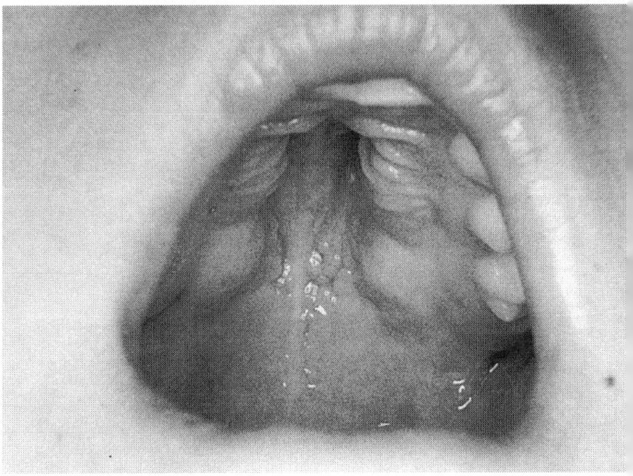

Abb. IV/19 und 20: Kind mit submuköser Gaumenspalte – mit geschlossenem und mit geöffnetem Mund.

Atmung

Einige Down-Kinder atmen ausschließlich durch den Mund. Die Nasenatmung ist unmöglich, so daß sie gezwungen sind, den Mund offen zu lassen. Bei diesen Kindern können wir häufig eine Schleimhauthypertrophie der Nasenmuscheln feststellen, die die Choanen verlegen und damit das Lumen des Luftweges vermindern. Diese Untersuchung erfolgt über eine Fibroskopie (Luccini H. 1983/84).

Ein einfacher Versuch, die Nasenatmung zu prüfen, ist der Mundschluß mit Kieferkontrolle. Der Daumen des Untersuchers wird auf das Kinn aufgelegt, der ausgestreckte Zeigefinger entlang des seitlichen Unterkiefers und der Mittelfinger mit den restlichen Fingern unter dem Kinn. Es wird Druck nach kranial ausgeübt. Auf diese Weise ist ein guter Mundschluß gesichert, und das Kind ist gezwungen, durch die Nase zu atmen. Wenn die Luftwege des Kindes verlegt sind, verzieht das Kind sofort angstvoll das Gesicht, da der

Abb. IV/21 (links): Darstellung der Choanen eines gesunden Kindes von hinten (oben sieht man die Choanen und das Nasenseptum, unterhalb das Gaumensegel, die Uvula, die Schlundenge, den Zungenrücken und die Epiglottis). (Foto Dr. Luccini, Cordoba)
Abb. IV/22 (rechts oben): Fibroskopie bei einem gesunden Kind. Man sieht das Nasenseptum und seitlich die Nasenmuscheln. (Foto Dr. Luccini, Cordoba)
Abb. IV/23 (rechts unten): Fibroskopie bei einem Kind mit Down-Syndrom. Man sieht eine ausgeprägte Hypertrophie der Schleimhäute, die die Nasenmuscheln und das Septum umgeben. Die Choanen verengen sich und die Nasenatmung wird erschwert. (Foto Dr. Luccini, Cordoba)

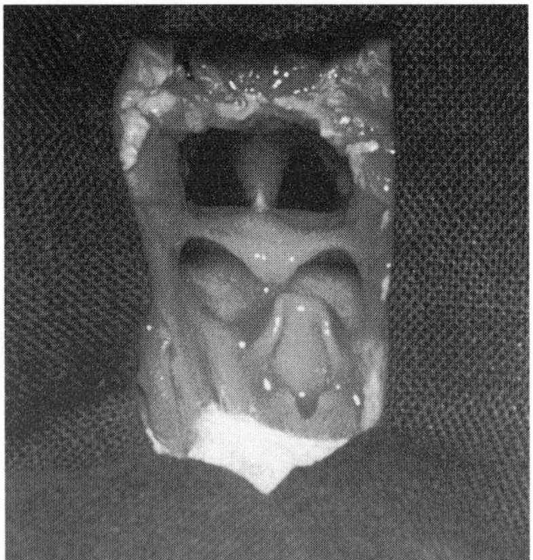

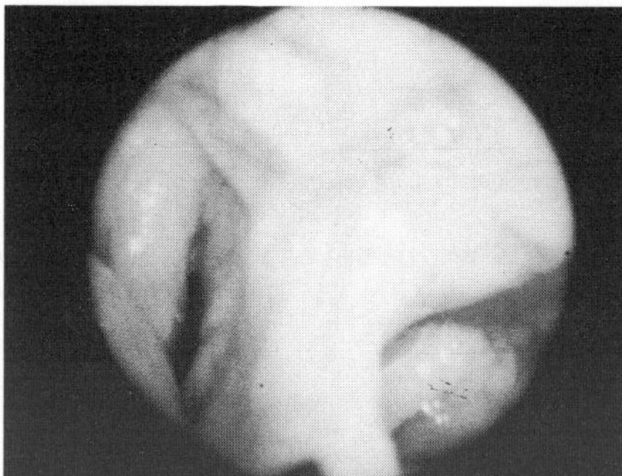

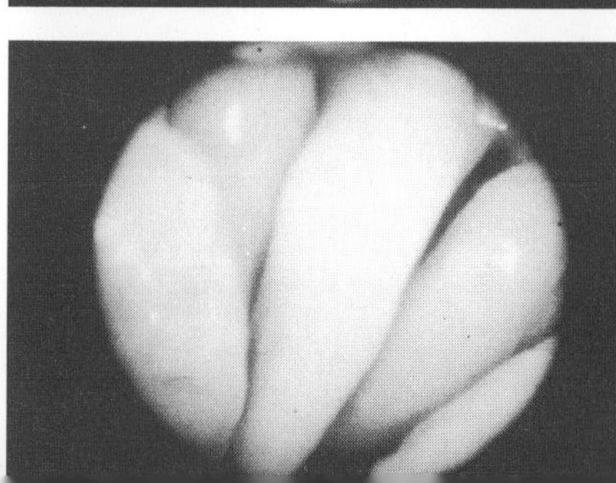

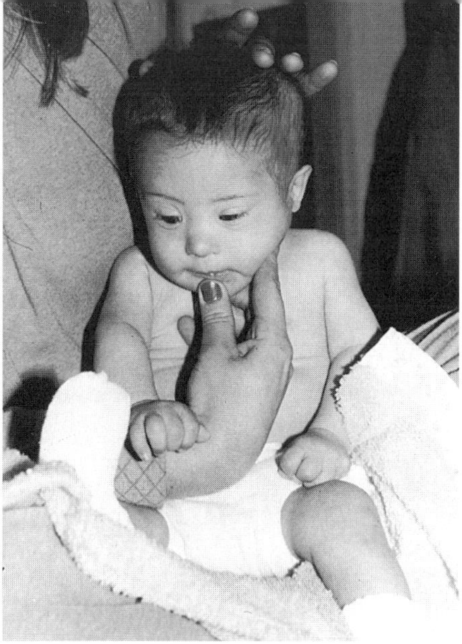

Abb. IV/24: Prüfen der Nasenatmung: Eine Hand hält den Kopf stabil an der Hinterhauptzone. Der Zeigefinger der anderen Hand wird seitlich entlang des Mandibulakörpers angelegt, der Daumen auf dem Kinn, der Mittelfinger am Mundboden.

Lufteintritt durch den Mund fehlt. Dieser Versuch ist auch positiv in Fällen einer Obstruktion durch infektiöse entzündliche Prozesse der oberen Luftwege, wenn Adenoide oder andere Einschränkungen bestehen. In diesen Fällen ist die Behandlung des orofazialen Komplexes sehr schwierig.

Häufig ist eine pathologische Atmung zu beobachten, die die Behandlung erschwert. Die Atmung ist beeinträchtigt durch die generelle Hypotonie, strukturelle Anormalitäten im Thoraxbereich, hypertrophe Mandeln, Polypen, Rachenmandeln und durch häufige Infektionen des Atemtraktes, die zu einer Verminderung der Atemvitalkapazität führen können.

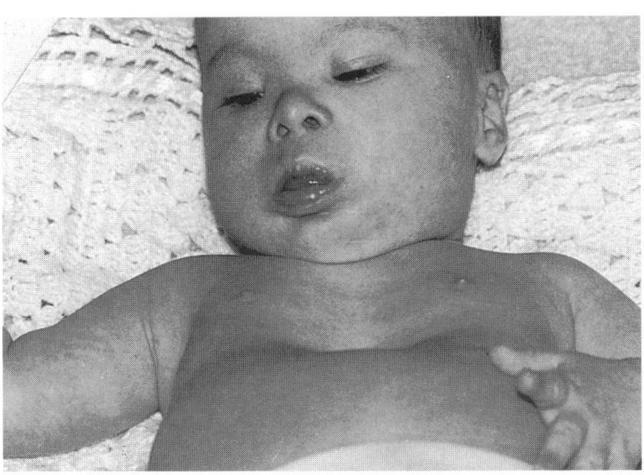

Abb. IV/25: Down-Kind mit Trichterbrust und ausgeprägter Hypotonie.

Andere Beeinträchtigungen

Bei etwa 15% aller Kinder ist die Mandibula unterentwickelt, die Kieferhöhlen sind hypoplastisch und das Nasenbein z. T. aplastisch (Kiesling). Dies wird durch vergleichende Röntgenstudien nach dem dritten Lebensjahr belegt. Wir möchten in diesem Kapitel einige Untersuchungsergebnisse der Arbeit von Ley Kieth (1977) über Störungen im Mundbereich bei Kindern mit Down-Syndrom erwähnen, die im Institut für Kieferorthopädie in Cordoba erarbeitet worden sind. Diese Studien erlauben es, eine Analogie mit den Arbeiten von Cohen, Cutress, Gullikson u. a. aufzustellen:

a) der Prozentsatz an Karies ist relativ niedrig bei Kindern mit Down-Syndrom, besonders im Alter der bleibenden Zahnung;
b) die Paradontopathien entwickeln sich oftmals schon sehr früh:

- es bestehen häufig Hypoplasien und Hypokalzifizierungen der Zahnelemente sowie Zahnformanomalien, v. a. konische Zahnformen;
- unter Umständen fehlen einzelne Anlagen der Eckzähne, Backenzähne oder Mahlzähne.

Unsere eigenen Beobachtungen lassen den Schluß zu, daß die Hypersalivation bei diesen Patienten geringer ist als bei anderen Patienten mit Intelligenzdefizit. In den ersten Lebensjahren erscheint der Speichel schaumig, anders als beim Erwachsenen mit Down-Syndrom, wo er dichter, zähflüssiger, klebriger ist. Größere Kinder haben oft einen trockenen Mund und das Schlucken ist mit Kraftaufwand verbunden.

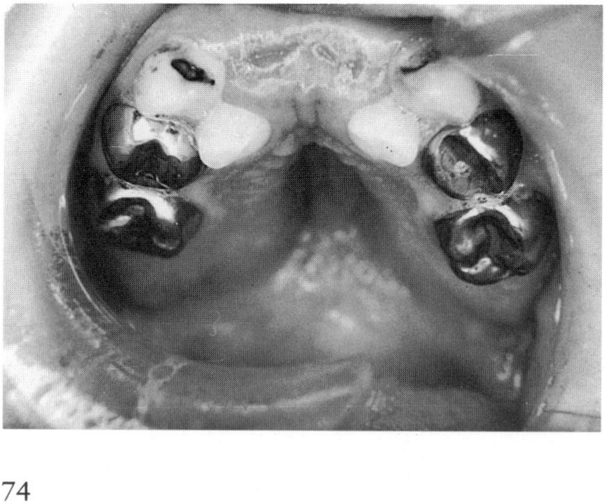

Abb. IV/26: Ansicht der Mundhöhle eines Kindes mit Down-Syndrom. Der Gaumen ist hoch und schmal, hat eine breite mittlere Raphe, hervorstehende Gaumenfalten und schwere Zahnstörungen.

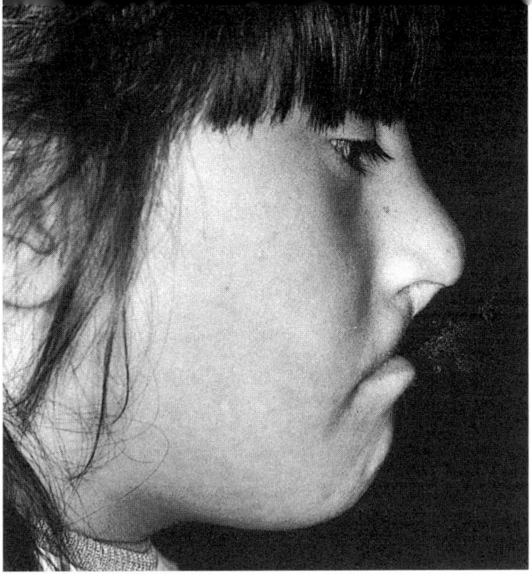

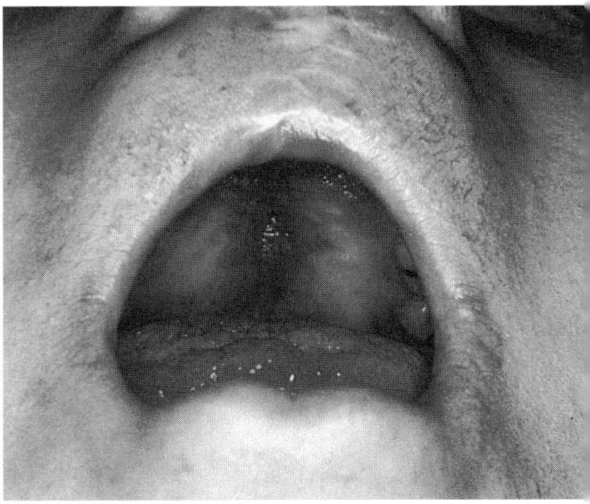

Abb. IV/27 (links oben): Mädchen mit Down-Syndrom im Profil. Zusätzlich hat es eine (operativ versorgte) Lippen-Kiefer-Gaumenspalte, die eine Dyssynergie im Buccinatormechanismus bewirkt. Die Oberlippe ist inaktiv und rigide gespannt, die Unterlippe kompensiert diese Inaktivität mit Hilfe des M. mentalis. Die Kinnmuskulatur ist hypertroph. Die Mundwinkel weichen sehr stark nach unten ab. Beim Schlucken wird der Mund verschlossen, indem die Unterlippe mit Hilfe des M. mentalis hoch geschoben wird, die vestibuläre Seite der Unterlippe legt sich über die Oberlippe.
Abb. IV/28 (rechts oben): Das gleiche Kind von vorne; man sieht die begrenzte Kieferöffnung und die Gaumenspalte. Die Oberlippe wirkt wie ein strammes Band.
Abb. IV/29 (links unten): Hier fallen strukturelle Veränderungen am orofazialen Komplex auf, die zu einer Dysfunktion des Buccinatormechanismus führen.
Abb. IV/30 (rechts unten): Die gleiche Patientin von vorne gesehen. Es sind zurückgebliebene Nahrungsreste in den Wangentaschen sichtbar. Dies kann zu einer Zunahme der Zungenstereotypien führen, da das Kind bis zu Stunden nach dem Essen versucht, diese Nahrungsreste aus den Wangentaschen zu entfernen.

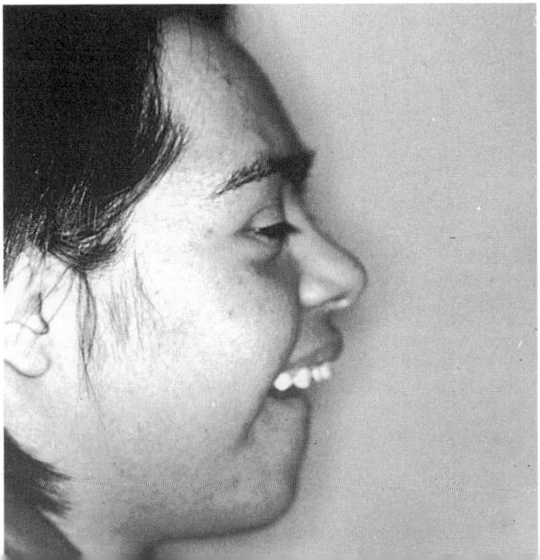

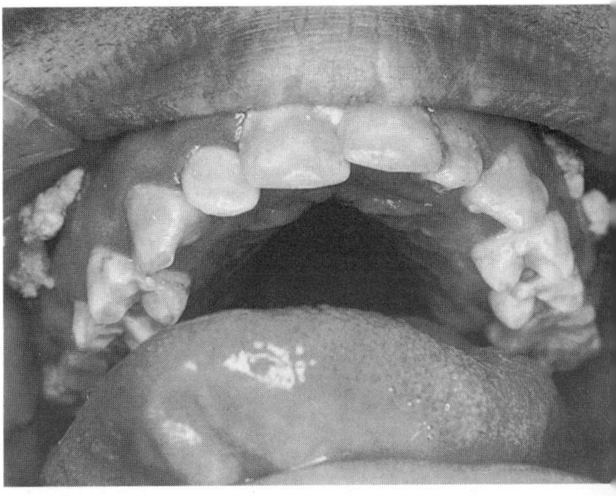

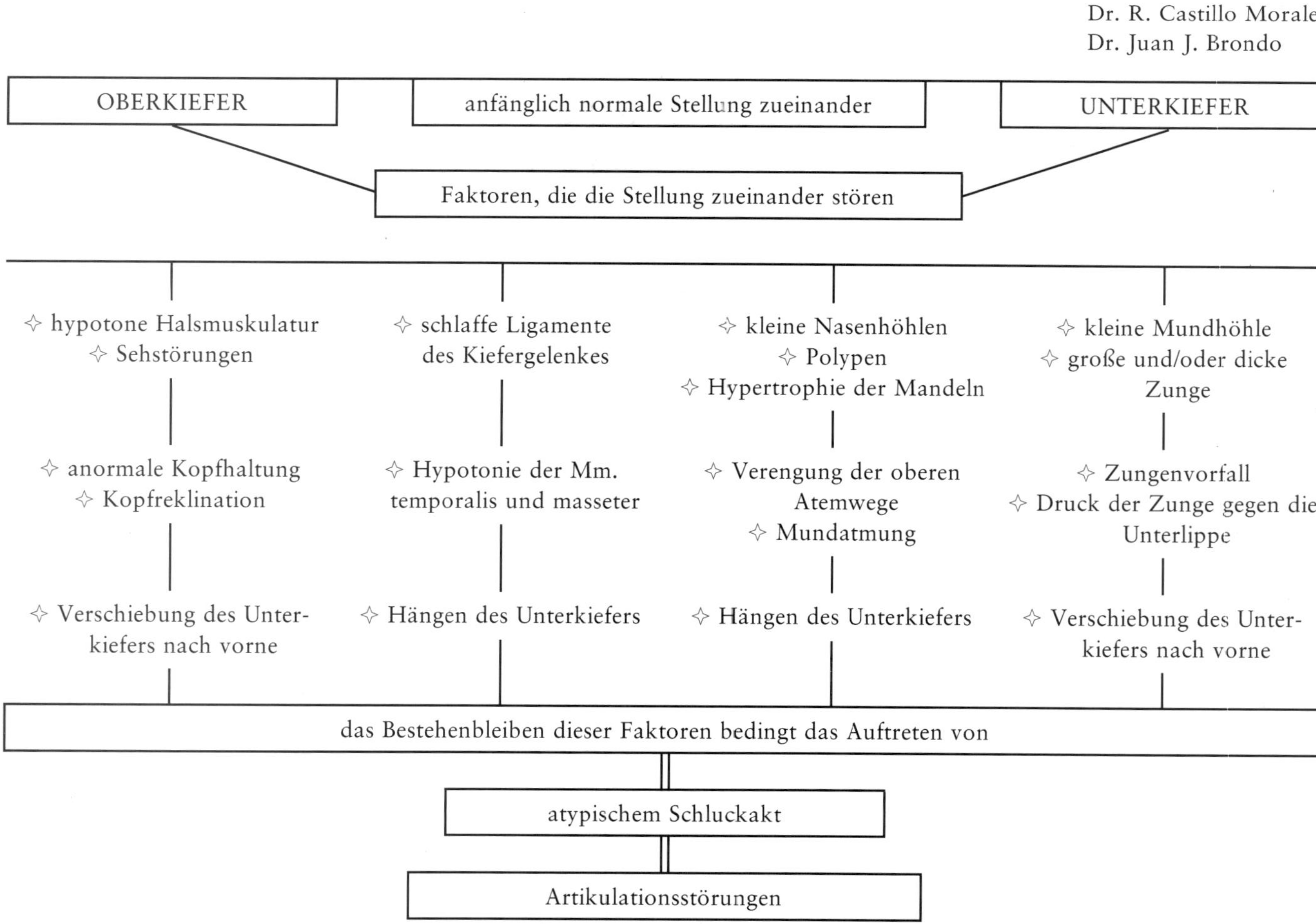

Abb. IV/31: (Schema) Darstellung der Faktoren, die die anfänglich gute Stellung von Ober- und Unterkiefer zueinander stören.

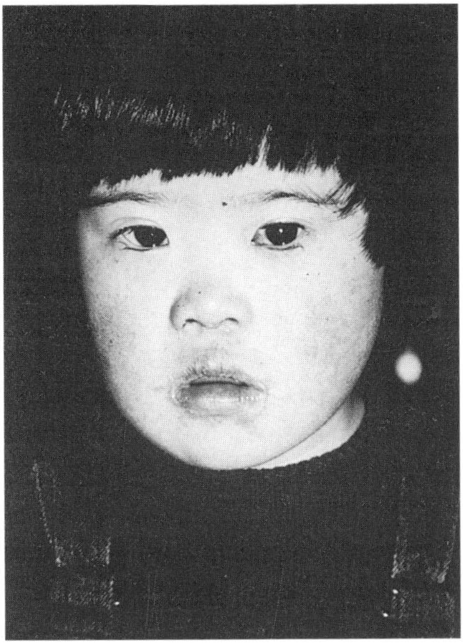

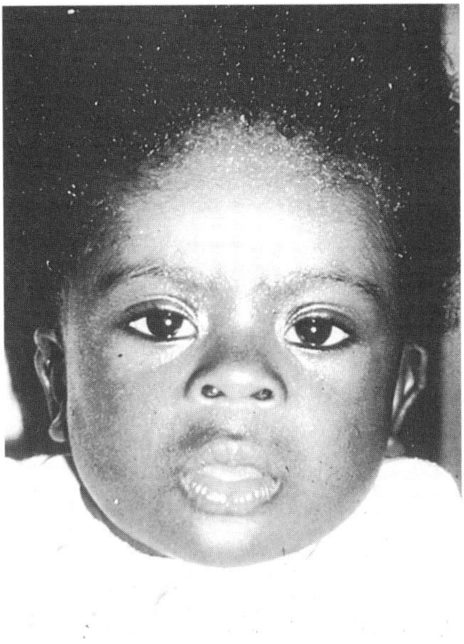

Abb. IV/32 (links oben): Japanisches Kind mit Down-Syndrom.
Abb. IV/33 (rechts oben): Afrikanisches Kind mit Down-Syndrom.
Abb. IV/34 (rechts unten): Argentinisches Kind mit Down-Syndrom.

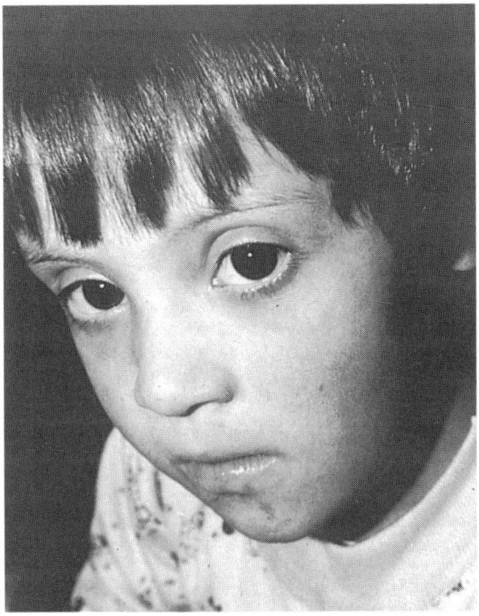

Es ist zu beachten, daß es bei diesen Patienten familiär oder rassisch bedingte Merkmale geben kann, die nicht den typischen Zeichen des Down-Syndroms zuzuordnen sind, auch wenn sie ähnlich aussehen.
Darüberhinaus ist die Umwelt von großer Bedeutung, die die Entwicklung jedes Menschen sehr stark bestimmt. Die Studien über das Down-Syndrom sollten vertieft werden, damit mit vereinten Kräften mehr Potentiale dieser Patienten freigesetzt werden können.

2. *Die orofazialen Pathologien bei Zerebralparesen*

Die Ursachen von Zerebralparesen sind nicht-progressive, prä-, peri- bzw. postnatal entstandene Gehirnläsionen, die vor allem zu motorischen Störungen führen. Diese können vereinzelt isoliert auftreten, sind jedoch meist mit weiteren Störungen auf sensorischer, kognitiver, psychischer und/oder sprachlicher Ebene verbunden.
Bevor ein Behandlungsprogramm entworfen werden kann, ist eine ausführliche funktionelle Befundaufnahme des orofazialen Komplexes notwendig. Die Diagnose einer Zerebralparese, eine äthiologische Diagnose bzw. ein Rückschluß von der Körperpathologie auf den orofazialen Bereich ist nicht ausreichend.
Aus der Definition wissen wir, daß die Läsion selbst nicht fortschreitend ist. Es ist jedoch zu beachten, daß die Primärpathologie zur Sekundärpathologie führt, wenn sie unbehandelt bleibt oder zu spät bzw. falsch behandelt wird.
In unserem Zentrum in Cordoba sind etwa 3800 Patienten mit Zerebralparese registriert. Ausgehend von den Beobachtungen, die wir in 25jähriger Arbeit gewinnen konnten, wollen wir versuchen, die verschiedenen Formen der Zerebralparese zu klassifizieren, mit besonderer Berücksichtigung der pathologischen Elemente, die in indirekter oder direkter Weise die normale Entwicklung des Saugens, Schluckens, Kauens, der Atmung und Phonation beeinflussen.
Reine Formen der Zerebralparese sind nur sehr schwer zu finden, am häufigsten treten Mischformen auf. Die Klassifikationen unterliegen ständigen Veränderungen, deshalb bitten wir den Leser, die folgende Einteilung nur als Orientierung zu sehen:

- Zerebralparesen mit überwiegend pyramidaler Läsion,
- Zerebralparesen mit überwiegend extrapyramidaler Läsion,
- Zerebralparesen mit überwiegend zerebellärer Läsion.

2.1 *Zerebralparesen mit überwiegend pyramidaler Läsion*

Verteilungsformen: Tetraparesen, doppelseitige Hemiparesen, Diparesen, Hemiparesen.

SYMPTOMATIK

Muskeltonus: mäßige bis schwere Spastizität. Fälle mit reiner Spastizität sind sehr selten. Häufig sind sie mit Athetose kombiniert, die oft durch die Spastizität überdeckt wird und deshalb nicht sichtbar ist. Wird während der

Behandlung der Muskeltonus gesenkt, kommt die athetotische Komponente zum Vorschein.

Kokontraktion: erhöhte proximale Kokontraktion. Zuviel an distaler Inhibition der Antagonisten, bei Hypertonus der Agonisten.

Knochen- Muskel- und Gelenksystem: mögliche Ausbildung von u. a. Thorax-, Wirbelsäulen- und Kieferdeformitäten, die zu orofazialen Dysfunktionen führen.

Haltungsaktivität: gestörte Koordination mit Beeinträchtigung des neurophysiologischen Regulationsmechanismus von Haltung und Bewegung des orofazialen Komplexes.
Bei Vorherrschen von pathologischer Haltungsaktivität nimmt der Kopf kompensatorisch solche Stellungen ein, daß die orofazialen Funktionen trotzdem genutzt werden können, die für das Überleben und für die Kommunikation wichtig sind. Im Sitzen ist die Belastung von den Ossis ischii nach hinten zum Os sacrum verlagert, die unteren Extremitäten sind nach innen rotiert und adduziert, die Kniegelenke in leichter Flexion, die Füße in Plantarflexion. Die Hüftgelenke können nicht ausreichend gebeugt werden; um diese Instabilität auszugleichen, wird der Rumpf mehr nach vorne gebeugt, die gesamte Wirbelsäule ist stark kyphosiert. Damit das Kind sehen kann, wird der Kopf gehoben, es entsteht eine ausgeprägte HWS-Lordose, die Mandibula wird protruiert und die Organe im vorderen Halsbereich werden nach vorne/oben verlagert. Die oberen Extremitäten sind innenrotiert/adduziert, die Schultern in Protraktion, die Unterarme in Flexion/Pronation, die Handgelenke in Flexion/Ulnarabduktion mit mehr oder weniger stark gebeugten Fingern. Herrscht eine asymmetrische Körperhaltung vor, wird dies zu einer Skoliose führen und ebenso zu einer asymmetrischen Mandibulahaltung. Schulter- und Beckengürtel verhalten sich wie ein starrer Block. Der Mundboden verhärtet sich und die Mandibula ist in gehobener Stellung fixiert, aufgrund der erhöhten Kokontraktion in den Elevatoren und Depressoren der Mandibula.

Spinale und supraspinale Reflexe: u. a. sind der ATNR, STNR, TLR und die positive Stützreaktion vorhanden, die Einfluß nehmen auf den Tonus und die Mandibulahaltung.

Aufrichtereaktionen, Gleichgewicht, Schutz- und Stützreaktionen: in leichteren Fällen sind sie nicht vollständig entwickelt, in schweren Fällen können sie stark beeinträchtigt sein.

Assoziierte Reaktionen: werden ausgelöst durch Anstrengungen und Emotionen, führen zu einer Zunahme des Tonus, verstärken die pathologischen Reaktionen und beeinflussen direkt die orofazialen Funktionen.

Wahrnehmungsstörungen: treten in vielfältiger Form auf. So kann der Prozeß der sensorischen Integration gestört sein. Oftmals können sich die Voraussetzungen für die grundlegenden Lernerfahrungen nicht vollständig entwickeln. Dies kann letztendlich u. a. zu Retardierungen in der Sprachentwicklung führen, d. h. zu großen Schwierigkeiten im Spracherwerb durch Beeinträchtigungen im motorischen bzw. intellektuellen Bereich.

Bewegungsmöglichkeiten: verminderte Spontanmotorik. Die Bewegungen haben einen kleinen Radius, die willkürliche Bewegungsinitiative kann minimal sein. Viele Kinder fühlen sich unsicher bei allen Haltungsänderungen. In schweren Fällen herrschen Massenbewegungen vor, die sich am orofazialen Komplex mit einer kräftigen Kontraktion der Unterkieferheber und damit einer starken Elevation der Mandibula bemerkbar machen. Diese Reaktion erschwert die Nahrungsaufnahme.

Orofaziale Funktionen: Schwierigkeiten beim Saugen, Schlucken, Kauen. Der Beißreflex ist häufig gesteigert, was zu einer kräftigen Okklusion der Zahnreihen führt und die Nahrungsaufnahme erschwert.
Bei Kindern mit schwerer Spastizität kommt es häufig zu Mikroaspirationen, Verschlucken und Erbrechen; damit werden bestehende Atemprobleme noch gesteigert.
Kinder mit Schwierigkeiten beim Saugen haben später mehr Probleme beim Kauen. Das Beißmuster persistiert über Jahre hinweg.
Bei schlechter Koordination des Buccinatormechanismus und der Zungenbewegungen bleiben Nahrungsreste im Mundvestibulum, auf dem Zungenrücken oder am harten Gaumen, vor allem wenn dieser schmal und hoch ist. Noch Stunden nach der Nahrungsaufnahme sind oft stoßartige Bewegungen der Zunge sichtbar; damit wird versucht, die Nahrungsreste auf dem vorderen Anteil des Zungenrückens zu sammeln, um sie schlucken zu können.
Beim langsamen Transportieren des Nahrungsbolus nach hinten verstärken sich die Kompensationen wie z. B. die Reklination des Kopfes, die Protraktion der Schultern und die unkoordinierten Zungenbewegungen. Ist die Reklination des Kopfes von einer Extension der oberen Brustwirbelsäule begleitet, so kann dieses Schlucken mit dem Schluckmuster der Vögel verglichen werden.

Mütter von Kindern mit großen Schwierigkeiten bei der Nahrungsaufnahme bringen den Kopf der Kinder im Liegen auf dem Schoß in eine totale Reklination, um die Nahrungsaufnahme rein mechanisch zu erleichtern. Die Mundhöhle ist in dieser Stellung wie ein offenes Rohr, die Nahrung fließt passiv direkt in den Rachen.
Alle Probleme bei der Nahrungsaufnahme führen zu Verdauungsproblemen. Die fehlende Koordination der Atmung und das Luftschlucken bewirken eine verstärkte Ausdehnung der Verdauungsorgane.
Häufig findet man verschiedene Formen eines atypischen Schluckaktes. Der häufigste ist ein Schluckakt mit Einziehen der Unterlippe, Zungenstoß nach vorne und anschließendem Saugen der Zunge und einem typischen Schmatzgeräusch.

Mandibulabewegungen: Die Elevationsbewegungen können vermehrt sein durch einen gesteigerten Beißreflex, die Extensionsbewegungen durch einen gesteigerten oralen Extensionsreflex. Auch Protrusions-, Retrusions- und Lateralbewegungen der Mandibula sind betroffen.

Buccinatormechanismus: Dyssynergie der Aktivität der oberen Schlundschnürer und der Mm. buccinator und orbicularis oris. Der intraorale Druck ist im allgemeinen vermindert durch die Hypotonie der Wangen und Lippen, Mundatmung und fehlende Okklusion. Die Luft findet keinen Widerstand an den seitlichen Wänden der Mundhöhle, was die funktionellen Probleme verstärkt.

Lippen: Die Oberlippe ist von Anfang an kurz mit insuffizienter Kontraktion. Das hat zur Folge, daß die Kinder bei der Nahrungsaufnahme häufig Nahrung aus den Mundwinkeln verlieren. Einige bringen die Zunge als Kompensation in eine intergingivale, interdentale oder interlabiale Lage und erhöhen während der ersten Phase des Schluckens die Aktivität der Zungenspitze, um das Befördern des Nahrungsbolus zu erleichtern.
Ein weiterer wichtiger Faktor sind die Dyssynergien des M. orbicularis oris. Die Oberlippe kontrahiert sich in ganz ungewöhnlicher Art und Weise. Die labialen Fasern sind hypoton, die marginalen Fasern sind hyperton. Die letzteren üben einen spangenförmigen Druck auf das Zahnfleisch des Oberkiefers aus und schieben die Wurzeln der Schneidezähne nach hinten, was ein Abweichen der Schneidezähne nach vorne begünstigt.
Das Zahnfleisch, das an die Zahnhälse anschließt, ist hyperämisch rot gefärbt, aufgrund des fehlenden Druckes der labialen Fasern, während die

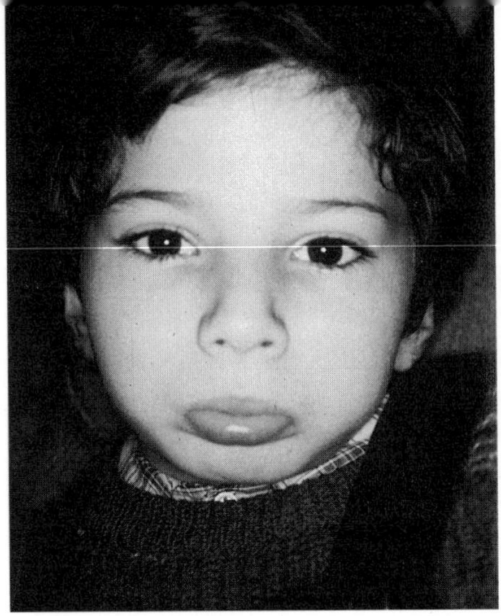 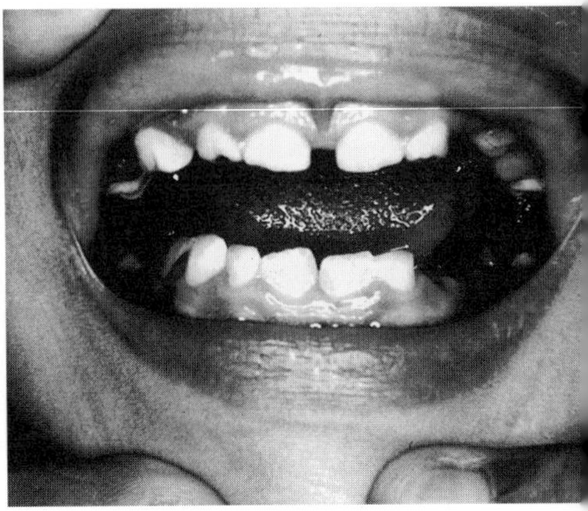

Abb. IV/35 (links): Zerebralparetisches Kind mit überwiegend pyramidaler Läsion; starker Beißreflex, Hypertonus der marginalen Fasern der Ober- und Unterlippe. Hyperaktivität des M. mentalis, die zu einer minimalen Eversion der Unterlippe führt.
Abb. IV/36 (rechts): Gleiches Kind. Oberlippenbändchen mit tiefem Ansatz, was zu einem Diastema mediale zwischen den oberen Schneidezähnen führt.

Zahnfleischzone unter den marginalen Fasern blaß rosa gefärbt ist durch deren verstärkten Druck.
Bei einigen schweren Fällen bleibt die Oberlippe hochgezogen und inaktiv, die Unterlippe kontrahiert sich während des Schluckens kräftig gegen die vestibuläre Seite der unteren Schneidezähne, um die Mandibula zu stabilisieren und die Zähne in Okklusion zu halten. Dies führt zu einer Hyperaktivität des unteren Teiles der Mm. orbicularis oris und mentalis; die Fasern des M. mentalis hypertrophieren. Diese vermehrte Muskelaktivität führt auch in diesem Bereich zu Veränderungen in der Zahnfleischdurchblutung; Zonen, die starkem Druck unterliegen, sind blaß rosa gefärbt, Zonen mit wenig Druck dunkelrot.

Zunge: Meist hat sie eine spitze Form. Nach Aufforderung, die Zunge herauszustrecken, geschieht dies häufig nach kranial, weniger nach kaudal. Oft helfen die Kinder mit den Händen mit und bringen die Zunge in die gewünschte Stellung.
In Ruhe ist die Zunge hyperton, die Zungenspitze befindet sich hinter den oberen Schneidezähnen. In Aktivität wird der Tonus weiter erhöht, es verstärkt sich die Konvexität des Zungenrückens, oder auch eine Zungenhälfte kontrahiert sich plötzlich nach medial/dorsal.

Die seitlichen Zungenbewegungen sind meist unmöglich, was den Kaumechanismus schwierig macht, da die mischenden Bewegungen der Zunge fehlen.
Mit der Intention, eine Zungenbewegung durchzuführen, kommt es häufig zu unerwünschten Muskelaktivitäten. Dies ist ein weiterer Faktor, der die koordinierten Zungenbewegungen erschwert.
Bei diesen Patienten ist das physiologische Gleichgewicht gestört, das zwischen der Zungenkraft von innen auf die Zahnreihen und der entgegenwirkenden Kraft des M. buccinator von außen herrscht. Der Druck der Zunge auf die Prämolaren und Molaren ist vermindert, während die Spannung in den Mm. masseter und buccinator erhöht ist. Dies führt zu Zahnwachstums- und Zahnentwicklungsanomalien. Die genannten Zahnelemente sind zu hoch und sind nach innen verlagert. Die oberen Schneidezähne weichen nach vorne ab durch die fehlende Kontraktion der Oberlippe, die unteren Schneidezähne nach hinten durch die Hyperaktivität des M. mentalis und der Unterlippe.
Hypertone Zungen haben am wenigsten willkürliche Bewegungsmöglichkeiten. Zu den pathologischen Bewegungen kommen die primären Zungenbewegungen hinzu.

Zähne: Zahnentwicklungs- und Zahnstellungsanomalien (s. oben).

Biß: Okklusionsstörungen, häufig vorderer offener Biß.

Harter Gaumen: oft gotisch, in Einzelfällen submuköse Gaumenspalte (diese Pathologie verstärkt sich im Laufe der Zeit, wenn nicht frühzeitig eingegriffen wird, und die Zunge einen flächigen Druck auf den Gaumen ausüben kann).
Die Gaumenfalten sind hypertroph, da diese Zone keinen ausreichenden Druck durch die Zunge erhält.

Gaumensegel: Dyssynergie mit insuffizientem Abschluß des Nasenrachens.

Sensibilität: periorale und intraorale Störungen, die manchmal zu taktiler Abwehr führen können. Durch die hypertone Zunge kann es zu einer verringerten kinästhetischen Empfindung und zu einer gestörten Stereognosie der Zunge kommen.
Sehr viele Kinder haben stark empfindliche Zähne und ebensolches Zahnfleisch. Z. B. kann der Kontakt mit einem Metallöffel während des Essens unangenehme Empfindungen auslösen, den Tonus in den Unterkieferhebern erhöhen und eventuell den Beißreflex steigern.

Salivation: Hypersekretion, mit Speichelfluß über die Mundwinkel. Es sind mehrere ursächliche Faktoren für den Speichelfluß verantwortlich:
- ständig leicht gesenkte Mandibula durch insuffiziente Unterkieferheber,
- Dyssynergie des Buccinatormechanismus,
- Veränderungen des intraoralen Druckes,
- Medikamente gegen Krampfanfälle.

Kinder mit schlechter Speichelkontrolle werden häufig für wenig intelligent gehalten. Das entspricht aber oft nicht den Tatsachen!

Atmung: häufig ausschließliche Mundatmung, auch Mund-Nasenatmung mit unterer Rippenatmung möglich, bei sehr schwer behinderten Kindern paradoxe Atmung.
Häufig bestehen Thoraxdeformitäten wie Faßthorax, Trichterbrust und Glockenthorax.

Sprechen: dysarthrisch.

2.2 *Zerebralparesen mit überwiegend extrapyramidaler Läsion*

Verteilungsformen: Tetraparesen, Hemiparesen.

SYMPTOMATIK

Muskeltonus: fluktuierend, mit unterschiedlichen Merkmalen. Wir unterteilen vier Gruppen:
- Athetose mit Spastizität,
- Athetose mit tonischen Spasmen,
- Choreoathetose und
- Reine Athetose.

Während der ersten Lebensmonate ist es unmöglich, eine genaue Diagnose zu stellen. Der Muskeltonus ist unterschiedlich in den verschiedenen Körperteilen und wechselt je nach Körperhaltungen. Am häufigsten finden wir einen hypotonen Rumpf mit hypertonen Extremitäten. Ist ein Kernikterus die Ursache, ist der Hypertonus vorherrschend.

Kokontraktion: zuviel an reziproker Inhibition, mit gestörter Koordination zwischen Agonisten, Antagonisten und Synergisten.

Knochen-, Muskel- und Gelenksystem: Die häufigsten Deformitäten sind Skoliosen, Kyphosen, Hüftluxationen, Luxationen und Kontrakturen der Kiefergelenke. Athetosen mit tonischen Spasmen entwickeln am häufigsten diese Deformitäten, da ihre Bewegungen sehr stark von spinalen und supraspinalen Reflexen beherrscht sind.

Haltungsaktivität: Die Haltungskontrolle gegen die Schwerkraft ist schwierig. In niedrigen Ausgangsstellungen überwiegt ein Flexionsmuster mit Abduktion der Beine. Häufige »dystone Attacken« verändern den Tonus plötzlich. Es überwiegt ein Extensionsmuster im ganzen Körper, das den Kopf in eine Hyperextensionshaltung bringt und die Mundöffnung fördert. In höheren Ausgangsstellungen »kollabieren« die Kinder sehr häufig, wenn es ihnen nicht gelingt, eine annähernd ausreichende Haltungsstabilität aufzubauen. Je mehr besonders intelligente Kinder versuchen willentlich bestimmte Aktivitäten durchzuführen, desto mehr werden pathologische Muster am Körper und am orofazialen Komplex verstärkt. Die Kinder finden oft selbst Mechanismen, die ihnen u. a. das Saugen, Schlucken, Kauen erleichtern. Häufig sieht man extreme Rotationsfehlstellungen des Kopfes, Fixationen der Schulterblätter und unbewegliche Kiefergelenke.

Spinale und supraspinale Reflexe: Extensionsreflex in den unteren Extremitäten, STNR, ATNR, TLR. Diese beeinflussen nicht nur den Rumpf und die Extremitäten, sondern auch die Kopf- und Mandibulahaltung.

Aufrichtereaktionen, Gleichgewicht, Schutz- und Stützreaktionen: sind unvollständig oder sogar kaum entwickelt und reichen bei vielen motorischen Aktivitäten nicht aus, um sie mit Erfolg auszuführen.

Wahrnehmungsstörungen: häufig Schwerhörigkeit, okuläre Dyspraxien, anormale kinästhetische Informationen, Gleichgewichtsstörungen, Schwierigkeiten in der zeitlichen und räumlichen Orientierung. Alle diese Störungen erschweren das Lernen.

Bewegungsmöglichkeiten: Das Abstufen und willkürliche Kontrollieren von Muskelaktivitäten ist schwierig. Wenig selektive, präzise Bewegungsmöglichkeiten. Viele unwillkürliche Bewegungen (Dyskinesien) stören intentionale Bewegungen. Willkürbewegungen des Körpers und des orofazialen Komplexes können schlecht an bestimmte Situationen angepaßt werden. Es überwiegen asymmetrische Bewegungsabläufe.

Orofaziale Funktionen: In den ersten drei Monaten sind die Kinder meist hypoton und erst später entwickelt sich der fluktuierende Muskeltonus. Das Saugen ist zu Beginn sehr schwach. Die ersten unwillkürlichen Bewegungen sind an der Zunge sichtbar. Der Beiß-, Würg-, und Extensionsreflex sowie die Suchreaktion sind sehr stark ausgebildet.

Die Aktivitäten der verschiedenen Muskelgruppen, die an der ersten und zweiten Phase des Schluckens beteiligt sind, sind völlig asynchron. Wenn der Nahrungsbolus in den Rachen eintritt, hört man ein ganz charakteristisches Geräusch, als würde das Kind ins Leere schlucken. Die Kinder schlucken sehr viel Luft mit und stoßen während der Nahrungsaufnahme oft auf.
In schweren Fällen sind kräftige Spasmen vorhanden, die sich besonders auf die Unterkieferheber auswirken und den Mund abrupt schließen.

Abb. IV/37 (links oben): Patientin mit überwiegend athetoiden Komponenten, mit auffallender Rücklage des Unterkiefers, was eine schwere Okklusionsstörung – Klasse II nach Angle – bewirkt.
Abb. IV/38 (links unten): Breiter, hoher Gaumen der gleichen Patientin.

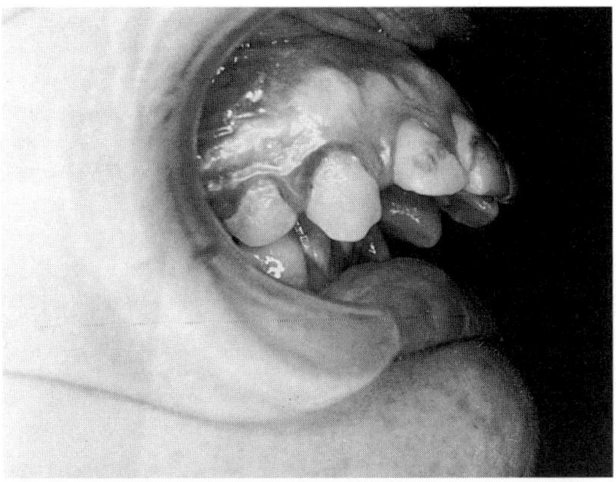

Abb. IV/39 (rechts unten): Gleiche Patientin beim Schlucken. Die Mandibula wird von der gesamten mimischen Muskulatur und dem Mundboden stabilisiert. Hyperaktivität des M. mentalis, um den vorderen offenen Biß zu verschließen. Die Unterlippe legt sich an die linguale Seite der oberen Schneidezähne an und kompensiert damit die Hypoaktivität der labialen Fasern der Oberlippe.

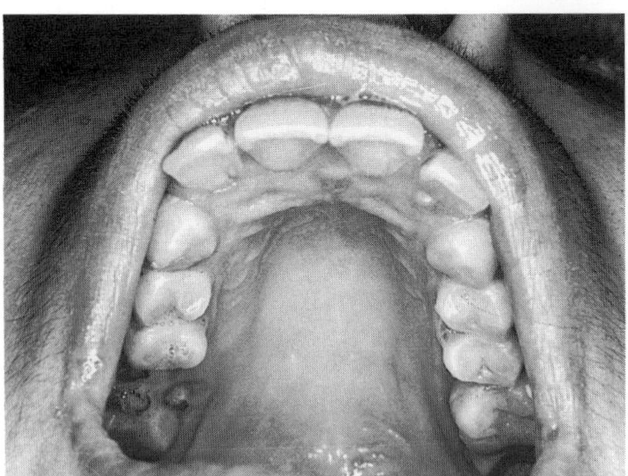

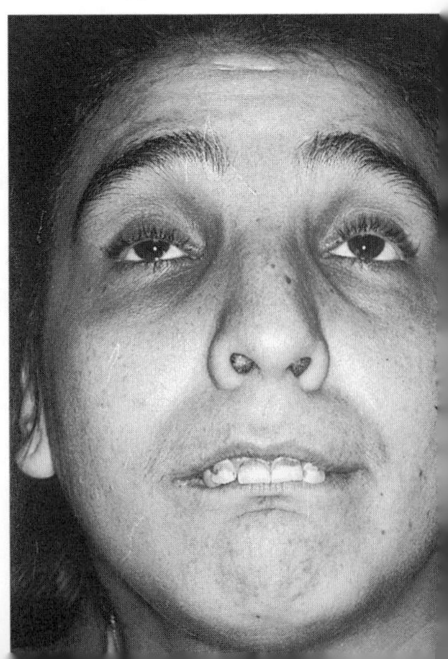

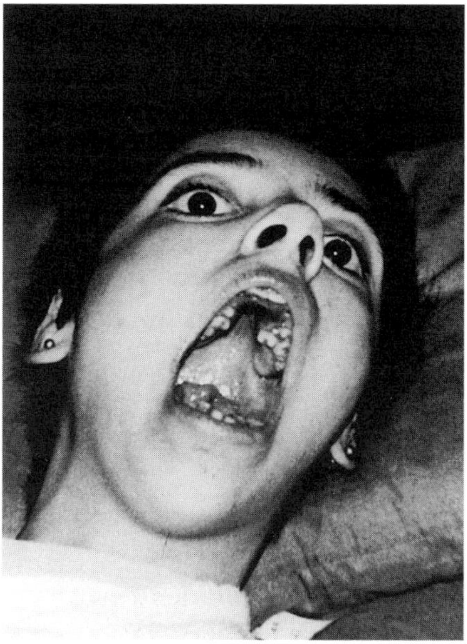

Abb. IV/40: Patientin mit Athetose; oraler Extensionsreflex.

Während der Nahrungsaufnahme wird, durch die Anstrengung des Kindes mitzuhelfen, der Zungenstoß nach vorne verstärkt und die Nahrung wieder aus dem Mund geschoben. Beim Schlucken verstärkt sich die Dyssynergie zwischen dem Buccinatormechanismus, der Zunge und dem Gaumensegel. Es kommt zu häufigem Verschlucken und Auslösen des Hustenreflexes.

Die Schluckfrequenz außerhalb der Nahrungsaufnahme ist erhöht. Wir beobachten verschiedene Kombinationen von atypischen Schluckmustern.

Es kommt häufig zu Mikroaspirationen, die bronchopulmonale Pathologien zur Folge haben.

Mandibulabewegungen: Sie sind meist beeinflußt durch einen starken oralen Extensionsreflex, dem oft ein Kollabieren des ganzen Körpers folgt. Dieses geht mit starker Tonuserhöhung in den Unterkieferhebern einher und einem plötzlichen Kieferschluß, wobei ein intraorales »Verschlußgeräusch« entsteht.

Patienten mit stark fluktuierendem Tonus haben überschießende laterale Mandibulabewegungen, während die Pro- und Retrusion in ihrem Ausmaß vermindert sind.

Buccinatormechanismus: Die Dyssynergie verhindert eine normale Beteiligung dieses Mechanismus beim Saugen, Schlucken und Kauen.

Lippen: Beide Lippen sind hypoton, wenn die Spastizität nicht überwiegt. In der Oberlippe kann man die für dieses Krankheitsbild typische Kontraktions-Dyssynergie ihrer verschiedenen Muskelfasern sehen.
Die Unterlippe dient oft zum Stabilisieren der Mandibula. Der M. orbicularis oris ist beeinflußt durch die ständigen unwillkürlichen Kontraktionen der perioralen Muskulatur.

Zunge: Die Zunge ist breit und kräftig. Die überwiegenden unwillkürlichen Bewegungen sind die Protrusion der Zunge und die typischen wurmförmigen Bewegungen. Außerdem beobachten wir asynchrone »Wellenbewegungen« von hinten nach vorne, die begleitet sind von medialen Zungenspasmen.

Zähne: häufig Positionsanomalien, aufgrund der Dyssynergie zwischen der Zungenmuskulatur und dem Buccinatormechanismus.

Biß: häufig nicht konstanter seitlich verschobener Biß mit klar erkennbarer Abnutzung der Zahnflächen, was oft durch ein Knirschen verstärkt wird.

Harter Gaumen: ist breit und relativ hoch, was der Mandibula entspricht, die auch breiter und länger ist als normal.

Sensibilität: Bei Athetosen mit Spastizität finden wir die häufigsten Störungen. Das auffälligste bei diesen Kindern ist eine verminderte taktile Empfindung im Oberlippenbereich.

Salivation: Unter allen Zerebralpareseformen ist diese die Gruppe, die am meisten Speichelfluß zeigt. Der Speichel ist wäßriger und läuft über die Mundwinkel aus dem Mund, wenn das spontane Schlucken nicht koordiniert ist.

Atmung: fast ausschließlich Mundatmung.

Sprechen: dysarthrisch. Das Sprechen ist langsam mit vermehrter Mimik, oft explosiv.

2.3 *Zerebralparesen mit überwiegend zerebellärer Läsion*

Verteilungsformen: Tetraparesen. Während des 1. Lebensjahres schwierig zu diagnostizieren.

SYMPTOMATIK

Muskeltonus: mäßige bis schwere Hypotonie, die auch den orofazialen Komplex mit einbezieht.

Kokontraktion: zuviel an reziproker Inhibition.

Haltungsaktivität: schwere Desorganisation der Haltungsaktivität, die sich hauptsächlich in höheren Positionen und in den Gleichgewichtsreaktionen bemerkbar macht. Das Hauptproblem ist die mangelhafte Koordination der propriozeptiven, vestibulären und visuellen Afferenzen, das besonders auffällig ist bei schnellen Haltungsanpassungen und -änderungen. Beim Gehen ist der Rumpf hinter dem Körperschwerpunkt; um dieses zu kompensieren wird der Kopf nach vorne verschoben und die Mandibula protruiert. Aufgrund von Schwierigkeiten bei der visuellen Anpassung wird der Kopf häufig zur Seite geneigt. Die Mandibula ist zur gleichen Seite verschoben durch die Hypotonie der Unterkieferheber und den Schwerkrafteinfluß. Auch die Zunge ist zur gleichen Seite lateralisiert.

Wahrnehmungsstörungen: Bei der funktionellen Befundaufnahme fällt hauptsächlich die Verlangsamung aller Bewegungsabläufe auf, die visuellen Probleme wie z. B. ein Nystagmus, kinästhetische und vestibuläre Störungen.

Bewegungsmöglichkeiten: Bei jedem Versuch einer willkürlichen Bewegung kontrahieren sich Agonisten mit insuffizienter Kontraktion der Antagonisten und fehlender Unterstützung durch die Synergisten. Alle diese Störungen der Willkürbewegungen beruhen auf einer gestörten zerebellären Koordination oder Ataxie mit den Hauptsymptomen Dysmetrie, Dyssynergie, Dysdiadochokinese und Intentionstremor.

Orofaziale Funktionen: Diese Gruppe hat in den ersten zwei Lebensjahren die wenigsten Probleme beim Saugen, Kauen und Schlucken. Erst im Laufe der weiteren Entwicklung kann es zu negativen Veränderungen kommen.

Buccinatormechanismus: Dysfunktion aufgrund der Hypotonie.

Lippen: hypoton, die Unterlippe ist mehr betroffen.

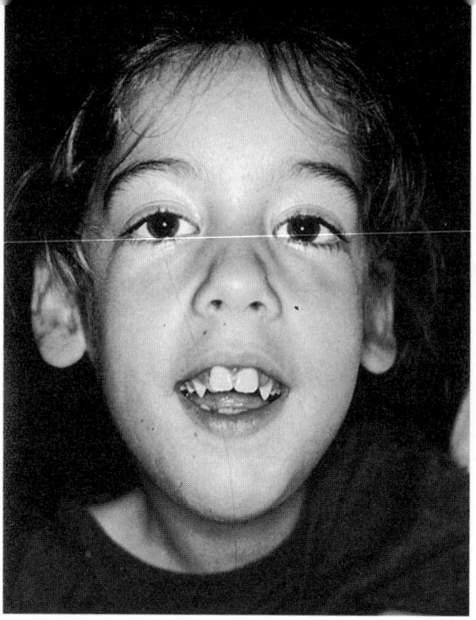 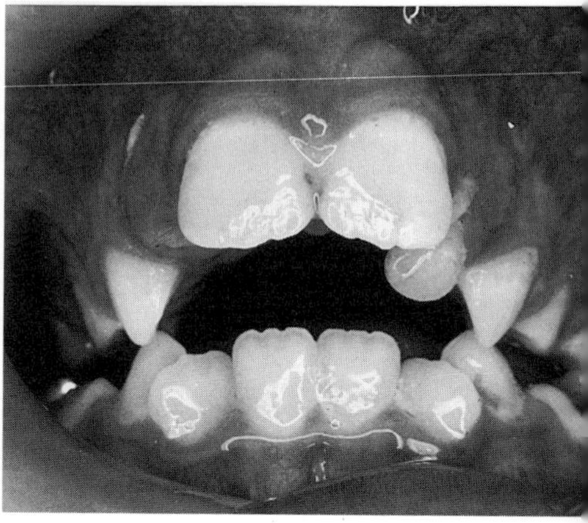

Abb. IV/41 (links): Patient mit überwiegend ataktischer Störung. Hypotonie der Unterkieferheber und des Buccinatormechanismus.
Abb. IV/42 (rechts): Gleiches Kind. Vorderer offener Biß. Die Eckzähne sind sehr spitz und lang, aufgrund fehlenden Bißkontaktes.

Zunge: Sie ist von Geburt an hypoton und breit im hinteren Drittel. Auffällig sind ein Zittern und/oder Faszikulationen. Durch die Hypotonie kommt es im Laufe der Zeit zu einer interdentalen Zungenlage in Ruhe, mit geringem Zungenstoß nach vorne.

Salivation: Speichelfluß über die nach unten hängenden Mundwinkel.

Sprechen: bedeutende Retardierungen im Spracherwerb. Häufigste Störungen sind eine Dysarthrie, skandierendes, monotones, langsames Sprechen.

3. *Die orofaziale Pathologie bei Fazialisparesen*

Die Paresen des N. facialis (VII. Hirnnerv), die auf verschiedenen Ursachen beruhen, werden nach der Lokalisation der Schädigung klassifiziert in:
- supranukleare oder zentrale Fazialisparesen,
- nukleare und infranukleare oder periphere Fazialisparesen.

Zentrale Fazialisparesen können, je nach Ausdehnung der ursächlichen Schädigung, von einer Hemiparese begleitet sein, auf der kontralateralen Seite des geschädigten oberen Motoneurons und des N. facialis. Dadurch

sind die motorischen Funktionen der Muskeln der unteren Gesichtshälfte beeinträchtigt; die Funktionen der Mm. frontalis, orbicularis oculi und corrugator supercilii sind nicht beeinträchtigt.
Bei der *peripheren Fazialisparese* sind die motorischen Funktionen aller Muskeln auf der homolateralen Gesichtshälfte zur Schädigung des N. facialis betroffen. Bei der Befundaufnahme einer Fazialisparese ist zu beachten:

3.1 Genaue Beobachtung des Patienten in Ruhe

1. Erkennen von Asymmetrien

- erweiterte Lidspalte (Lagophtalmus),
- abweichendes Philtrum,
- nach unten abweichender Mundwinkel,
- verminderte Nasen-Lippen-Furche.

Abb. IV/43 (links): Patient mit peripherer Fazialisparese (Zustand nach Entfernung eines Akustikusneurinoms). Beim Öffnen des Mundes weichen der Mundwinkel, das Philtrum und die Nase zur nicht betroffenen Seite hin ab.
Abb. IV/44 (rechts): Der gleiche Patient. Beim Schließen der Augen fällt das Bell'sche Phänomen auf. Auch bei geschlossenem Mund weichen der Mundwinkel, das Philtrum und die Nase zur nicht betroffenen Seite hin ab.

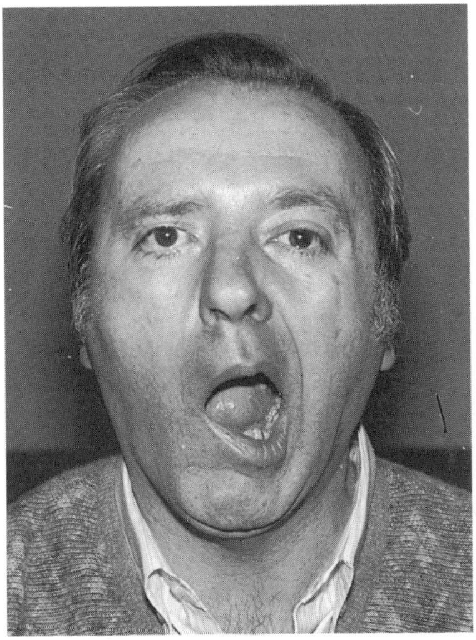

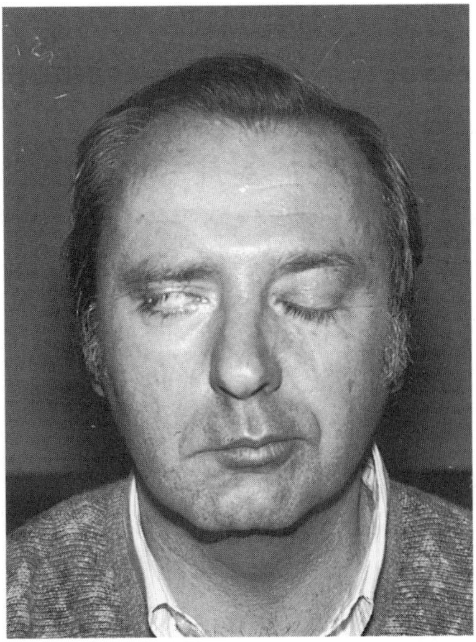

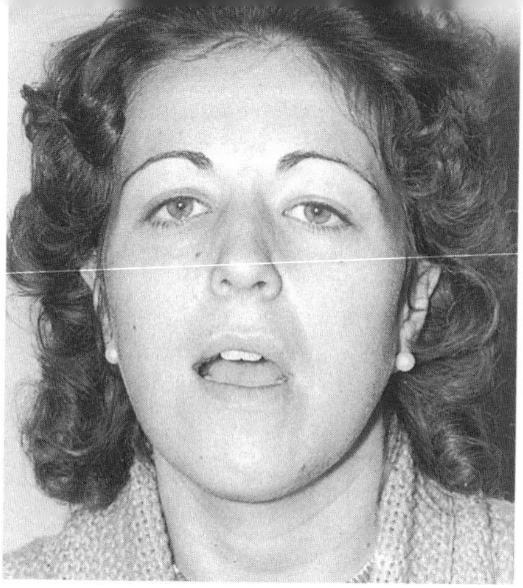
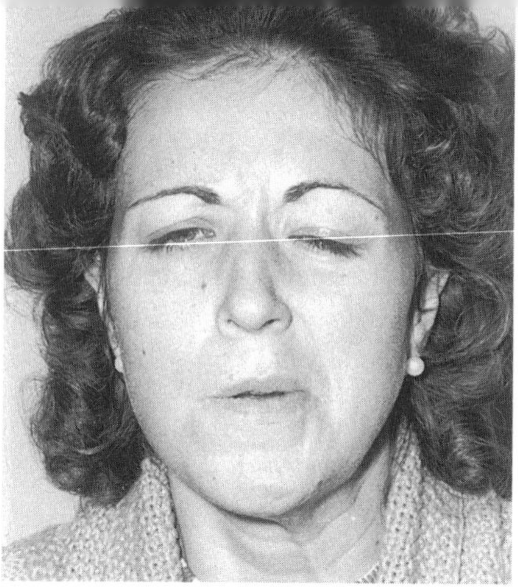

Abb. IV/45 (links): Patientin mit chronischer Fazialisparese. Bei geringer Mundöffnung weicht der Mundwinkel der nicht betroffenen Seite ganz leicht ab. Auf der geschädigten Seite ist die Nasen-Lippenfurche nicht mehr sichtbar.
Abb. IV/46 (rechts): Gleiche Patientin. Beim Versuch zu pfeifen weicht der Mundwinkel der nicht betroffenen Seite verstärkt ab und es kommt zu unwillkürlichen Gesichtsbewegungen.

2. *Unwillkürliche Bewegungen im Gesicht*
- Faszikulationen,
- Synkinesien,
- postparalytische Spasmen.

3.2 Beobachtung des Saug-, Kau- und Schluckmusters
- Ausführung (bleiben Nahrungsreste im Vestibulum?),
- Kompensationen.

3.3 Motorische Funktionen der mimischen Muskeln
Keine Funktion: Paralyse
Schwierigkeiten bei der Funktionsausübung: Parese

1. *Ausführen bestimmter Bewegungen nach verbaler Aufforderung oder durch Imitation*
- Augenbrauen heben (M. frontalis),
- Augen schließen (M. orbicularis oculi),
- Augenbrauen zusammenziehen (M. corrugator supercilii),
- Mundwinkel nach oben/hinten ziehen (Mm. zygomaticus major und minor und levator anguli oris),
- Anheben des mittleren Drittels der Oberlippe und der Nasenflügel (Mm. levator labii superior, levator labii superiores alaeque nasi),

- symmetrisches Protruieren beider Lippen (M. orbicularis oris),
- horizontales nach hinten Ziehen beider Mundwinkel (M. risorius),
- nach außen Stülpen der Unterlippe (M. depressor labii inferior),
- nach unten Ziehen der Mundwinkel (M. depressor anguli oris),
- Heben der Kinnhaut und der Unterlippe (M. mentalis).

2. *Prüfen des Glabella- und des Pupillenreflexes*

3.4 *Weitere mögliche Auffälligkeiten*

- Hörveränderungen; gewöhnlich mit Hyperakusis bzw. Hyperakusis dolorosa einhergehend, aufgrund eines Innervationsausfalles des M. stapedius;
- Schmerzen in einer kleinen retroaurikulären Zone;
- Diskriminationsstörungen bei den Geschmacksempfindungen, (Ageusie in den vorderen zwei Dritteln der Zunge);
- Tränen- und Speichelsekretion können vermindert oder ganz aufgehoben sein.

Abb. IV/47 (links unten): Patientin mit doppelseitiger Fazialisparese. Amimik des gesamten Gesichtes. Die Zahnreihen können in Kontakt gebracht werden, nicht so die Lippen.
Abb. IV/48 (rechts oben): Gleiche Patientin. Deutliche Insuffizienz beider Lippen. Die Nasen-Lippen-Furche sowie die Kinn-Lippen-Furche sind nur undeutlich erkennbar.
Abb. IV/49 (rechts unten): Gleiche Patientin. Schwierigkeiten beim Öffnen des Mundes und bei Bewegungen der Zunge, was darauf hinweist, daß neben dem N. facialis eine zusätzliche Schädigung des N. hypoglossus besteht.

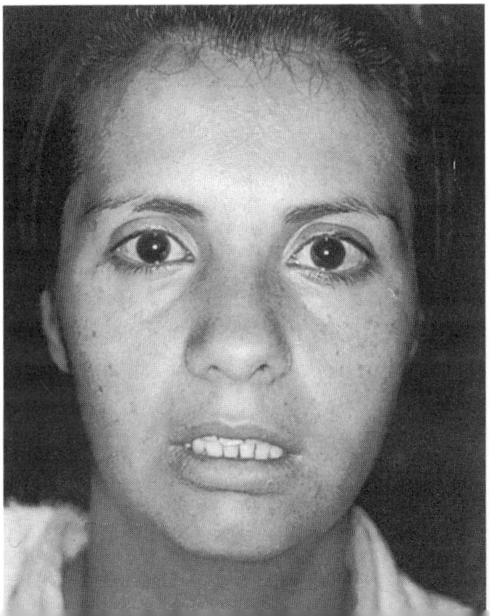

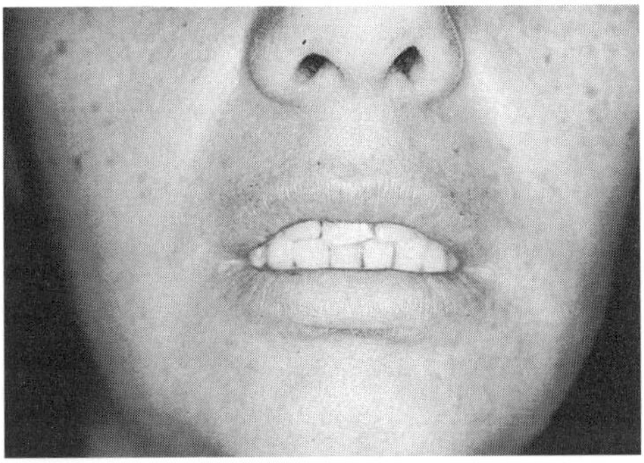

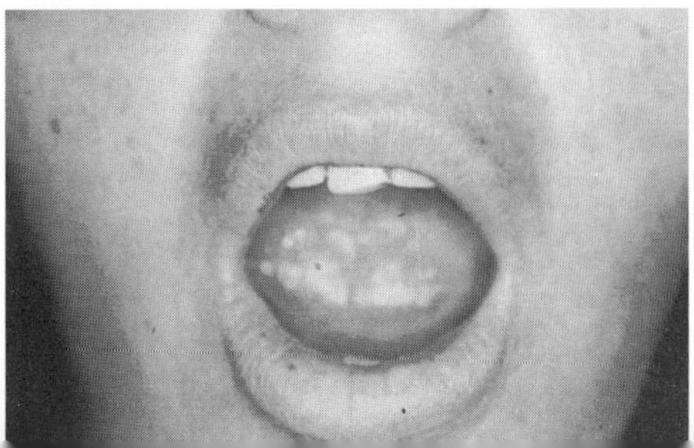

V. *Befundaufnahme*

1. *Muskuläre Befundaufnahme*

Wir orientieren uns an der Skala von Daniels und Worthingham mit ihrer Einteilung der Muskelwerte, haben diese jedoch aus praktischen Gründen auf nur drei (statt fünf) Werte reduziert, da die Befundaufnahme besonders bei kleinen Kindern sehr schwierig ist.
Einteilung:
(−): keine Muskelkontraktion,
(±): fühlbare oder sichtbare Muskelkontraktion ohne Bewegungsausschlag;
(+): Bewegung ohne oder mit Widerstand möglich.
Der Muskeltest muß vorsichtig durchgeführt werden, damit sich das Kind dabei nicht unwohl fühlt, und so oft wie nötig wiederholt werden.

Kopfflexoren: Patient in Rückenlage, die oberen Extremitäten neben dem Körper, der Kopf frei, außerhalb der Unterstützungsfläche. Der Patient soll den Kopf bis ca. 45 Grad beugen ohne bzw. mit Widerstand an der Stirn.

Kopfextensoren: Patient in Bauchlage, die Arme neben dem Körper, der Kopf wieder außerhalb der Unterstützungsfläche. Der Patient soll den Kopf bis etwa 45 Grad heben, mit oder ohne Widerstand am Hinterkopf.

Kopfrotatoren: Patient sitzt, der Kopf ist in Neutralstellung zwischen Flexion und Extension und wird zu einer Seite gedreht. Eine Hand des Therapeuten liegt an einer Temporalfläche, die andere Hand am gegenüberliegenden Mastoidfortsatz, um die aufrechte Haltung von Kopf und Nacken zu sichern. Der Patient soll den Kopf gegen den Widerstand an der Schläfe etwa den halben Weg zurückdrehen.

Unterkieferheber: Patient sitzt. Ein Finger bzw. ein Spatel wird bei offenem Mund auf die untere Zahnreihe aufgelegt. Patient soll den Mund schließen, ohne und mit Widerstand. Mit der anderen Hand wird die Kontraktion des M. temporalis palpiert.

M. pterygoideus lateralis: Die Mandibula wird mit Daumen und Zeigefinger umfaßt und Druck in Richtung Kiefergelenk gegeben. Der Patient soll die Mandibula nach vorne schieben. Die einseitige Kontraktion des M. pterygoideus lateralis wird durch Seitwärtsbewegungen der Mandibula geprüft.

M. buccinator: Die wichtigste Funktion des M. buccinator ist das Annähern der Wangen an die Außenfläche der Zähne. Der Daumen wird auf eine Wange aufgelegt, die restlichen vier Finger auf die andere. Der Patient wird aufgefordert zu pfeifen, blasen, oder die Wangen einzuziehen. Der Zeigefinger kann auch im Mund, vorne an den Mundwinkeln, an die Wange angelegt werden; es wird Widerstand gegeben gegen das Annähern der Lippen zur Mittellinie.

Zungenmuskulatur: Es ist nicht möglich, die Funktion jedes einzelnen Muskels zu prüfen, sondern nur die verschiedenen Muskelsynergien. Das Kind soll die Zunge nach oben, unten, vorne, hinten und zu beiden Seiten bewegen. Wenn das Kind den verbalen Auftrag nicht versteht, setzt sich der Therapeut vor das Kind und macht ihm die Bewegungen vor oder gibt einen taktilen Reiz an der Zone, zu der das Kind die Zunge bewegen soll.

2. *Befundaufnahme der Lippen*

In Ruhe sind die Lippen normalerweise in leichtem Kontakt. Bei Patienten mit Mundatmung sind die Lippen in Ruhe geöffnet.
Für die Tonusprüfung brauchen wir sowohl die Beobachtung als auch die Palpation. Hyperaktive Lippen sind stärker entwickelt, haben eine rötere Farbe und sind feuchter als normal.
Bei einigen Patienten sind die Lippen funktionell insuffizient wie z. B. bei einer extremen Malokklusion Klasse II nach Angle. Die Oberlippe ist inaktiv, die Unterlippe kontrahiert sich kräftig gegen die Innenseite der oberen Schneidezähne, um den Mundschluß zu gewährleisten. Häufig hypertrophiert der M. mentalis. Eine isolierte Gingivitis im Bereich der unteren Schneidezähne deutet auf eine Hyperaktivität der Kinnmuskulatur hin.

Findet man auch im Bereich der oberen Schneidezähne eine Zahnfleischentzündung, handelt es sich meist um Patienten mit Mundatmung.

3. *Befundaufnahme der Zunge*

Bei einigen Down-Kindern, oligophrenen Kindern und auch beim Wiedemann-Beckweith-Syndrom kann eine *Makroglossie* vorliegen mit einer Hypertrophie der quergestreiften Muskelfasern.
Die Makroglossie hat nicht immer eine Hypertrophie der Muskelfasern zur Ursache, sondern kann auch andere Ursachen haben wie z. B. entzündlich-infektiöse Prozesse (Glottitis) oder Tumorprozesse (Hämangiome, Lymphangiome u. a.). Die voluminöse Zunge hat oft eine faltige Schleimhautstruktur mit vielen tiefen Furchen. Sie wird auch »Landkartenzunge« genannt.
Eine *kongenitale Mikroglossie* findet man nach Birchner nur beim Kretinismus.
Weiterhin kann eine *Atrophie* bzw. eine *Hemiatrophie* der Zunge bestehen. Die Ursache kann z. B. eine fehlende Innervation aufgrund einer Schädigung des unteren Motoneurons sein oder eine myopathische Atrophie bei einer primären Muskelerkrankung.

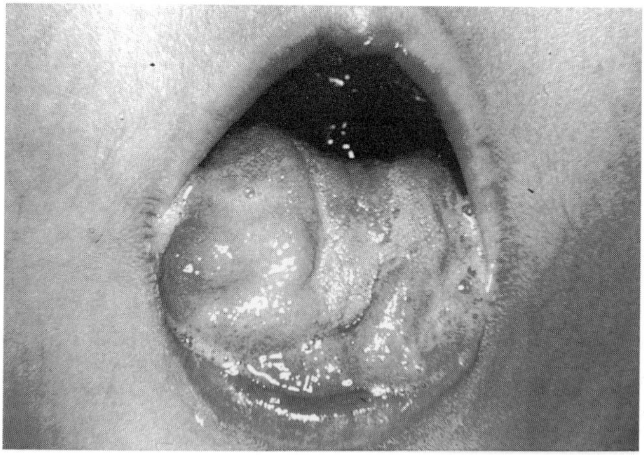

Abb. V/1: Störungen der Trophik und der Zungenbeweglichkeit, bei einem Kind mit Moebius-Syndrom.

Für die Befundaufnahme soll der Patient die Zunge protruieren, was im Normalfall in der Mittellinie geschieht. Bei einseitiger Lähmung des N. hypoglossus weicht die Zunge beim Protruieren zur betroffenen Seite hin ab. Ist z. B. der rechte N. hypoglossus geschädigt, weicht die Zunge beim Protruieren nach rechts ab, bedingt durch die Kontraktion des linksseitigen M. genioglossus und den Ausfall des rechtsseitigen.

Beobachtung und gleichzeitige Palpation sind unerläßlich. Im Falle einer hemiatrophischen Zunge müssen immer beide Zungenhälften verglichen werden.

Für die Artikulation sind sehr schnelle, synchrone und exakte Zungenbewegungen von größter Bedeutung.

Athetotische Zungenbewegungen, als Symptom einer Zerebralparese, sind die häufigsten pathologischen Zungenbewegungen. Sie sind meist kombiniert mit anderen pathologischen Bewegungen, die vom Befundaufnehmer genau beschrieben werden sollen.

Choreoathetotische Bewegungen sind plötzlich, kurz, unwillkürlich und unrhythmisch. Sie betreffen die Extremitäten, Gesicht, Lippen und Zunge. Im Gesicht äußern sie sich als übertriebene Mimik und Grimassieren. Das Schlucken und die Artikulation sind stark betroffen. Die Bewegungen werden stärker bei emotionalen Ausbrüchen, bei Anstrengung und willkürlichen, zielgerichteten Bewegungen.

Athetoide Bewegungen sind sich wiederholende, langsame, wurm- oder schlangenförmige Bewegungen, die hauptsächlich an den Fingern, Zehen, im Gesicht, an den Lippen und der Zunge auffallen.

Das *Zittern* ist von Sigwald und Raverdy (1967) definiert worden als alternierende, unwillkürliche agonistisch-antagonistische Bewegungen, von begrenzter Amplitude und wenig variablem Rhythmus. Man findet das Zittern hauptsächlich im distalen Bereich der Extremitäten sowie in den Lippen, der Zunge und den Augenlidern.

Es gibt *Faszikulationen* und *Fibrillationen.* Die Faszikulation ist aus klinischer Sicht eine kleine Muskelzuckung, die durch die Entladung einer isolierten motorischen Einheit zustande kommt. Es kontrahieren sich nur Faszikel von Muskelfasern, die zu einer einzigen motorischen Einheit gehören.

Die Fibrillation ist eine spontane, unkoordinierte Kontraktion einer individuellen Muskelfaser. Sie ist nur durch ein Oszilloskop sichtbar.

Andere Bewegungsmuster, wie z. B. die *Ticks,* sind definiert als koordinierte

Bewegungen, die durch Wiederholung zu einer Angewohnheit werden und einen stereotypen Charakter bekommen. Sie werden als psychogen bezeichnet.

Wir können auch ein Persistieren von *primären Zungenbewegungen* finden. Es handelt sich hierbei um unwillkürliche Zungenbewegungen, die athetoiden Bewegungen ähnlich sind, und die wir zunächst auch als solche bezeichneten. Wir beobachteten diese Bewegungen vor einigen Jahren bei Säuglingen und Kindern mit auffälliger orofazialer Pathologie ohne zentrale Koordinationsstörung wie z. B. bei Kindern mit Down-Syndrom. Auffallend war, daß viele der untersuchten Kinder, die schon älter waren, lange Zeit Flasche oder Schnuller nahmen, Daumen lutschten oder an ihrer Zunge saugten.

Im Gegensatz dazu stellten wir fest, daß solche Zungenbewegungen bei anderen Kindern mit Down-Syndrom nach dem 4. Lebensjahr nicht mehr vorhanden waren. Es handelte sich hier um Kinder mit guter motorischer und mentaler Entwicklung, die außerdem keine interdentale Zungenlage aufwiesen. Diese Kinder zeigten meist auch eine besonders deutliche Artikulation. Wir beobachteten die Entwicklung der Zungenmotorik dieser Kinder über einen längeren Zeitraum. Die dabei gewonnenen Ergebnisse möchten wir hier diskutieren. Die Untersuchungen wurden an drei Vergleichsgruppen durchgeführt:

- Gesunde Kinder im Alter von 0 bis 5 Jahren,
- Kinder mit Down-Syndrom und
- Kinder mit zerebralen Bewegungsstörungen.

Unter den gesunden Kindern waren auch solche, die lange Zeit aus der Flasche getrunken bzw. die Angewohnheit hatten, am Schnuller oder Daumen zu lutschen.

Die primären Zungenbewegungen zeichnen sich dadurch aus, daß sie:

- stereotyp sind;
- sichtbar sind, wenn sich die Zunge bei geöffnetem Mund spontan im Mund bewegt;
- deutlicher sichtbar werden, wenn sich die Zunge außerhalb des Mundes befindet. Dabei sollte die Zunge jedoch locker aus dem Mund hängen, da bei vermehrter Aktivität der Tonus zunimmt und die unwillkürlichen Bewegungen nicht mehr zuläßt. Es ist sehr schwierig, diese Bewegungen mit Hilfe von Fotografien festzuhalten. Weit besser eignen sich Videoaufnahmen zu ihrer Dokumentation.

Bildhaft dargestellt lassen sich diese Bewegungen mit den Bewegungen von

Meereswellen vergleichen, die am Strand sanft auslaufen. Sie beginnen an der Zungenwurzel, laufen wellenförmig bis zur Zungenspitze und verlieren sich allmählich. Danach erfolgt eine feine Kontraktion der lateralen Zungenränder in Richtung Mittellinie, die Zunge verschmälert sich und es bildet sich in der Mitte der Zunge eine kleine Erhebung, die sofort wieder verschwindet und der ein Senken des mittleren Anteils der Zunge folgt. Die Bewegungen sind immer symmetrisch und rhythmisch. Heben und Senken der Zungenmitte wechseln sich ab.

Nach zwei bis drei Minuten haben sich diese Wellenbewegungen erschöpft und sind nicht mehr sichtbar. Um sie erneut beobachten zu können, muß eine Pause gemacht werden, während der sich die Lippen in passivem Kontakt befinden sollten. Bei der erneuten Beobachtung zeigt sich, daß sich beim Protruieren der Zunge die Einsenkung verstärkt. Wir nennen dies die »Löffelform«.

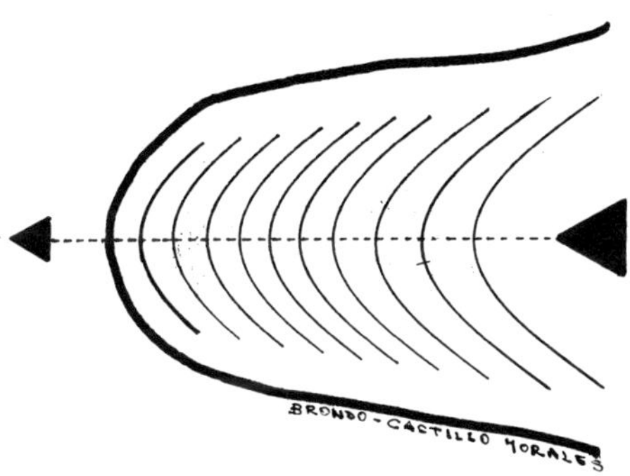

Abb. V/2a: Wellenbewegungen der Zunge von hinten nach vorne. (Zeichnung Brondo/Castillo Morales)

Abb. V/2b: Wellenbewegungen der Zunge von hinten nach vorne und von unten nach oben. (Zeichnung Brondo/Castillo Morales)

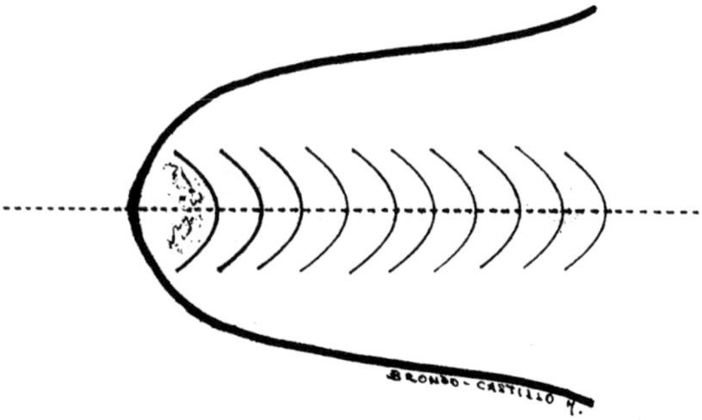

Abb. V/3: Kontraktion der lateralen Zungenränder nach medial. Es formt sich in der Mitte eine Erhebung.
(Zeichnung Brondo/Castillo Morales)

Diskussion

Wir fanden, daß diese Zungenbewegungen bei allen gesunden Neugeborenen vorhanden sind und sich allmählich verlieren, bis sie im 3. bzw. 4. Lebensjahr ganz verschwinden. Zur gleichen Zeit bilden sich auch die physiologischen Dyslalien zurück. Bei gesunden Kindern mit interdentaler Zungenlage findet man diese primären Zungenbewegungen noch bis zu einem Alter von ca. 8 Jahren.
Auch bei Kindern mit Down-Syndrom sind diese Bewegungen von Anfang an sichtbar. Sie persistieren dann über das Alter hinaus, in dem sie normalerweise verschwinden, wenn diese Kinder Angewohnheiten mit interdentaler Zungenlage haben wie z. B. Schnuller saugen, Flaschentrinken oder Daumenlutschen.
Bei Kindern mit Down-Syndrom, die sehr hypoton sind und Zeichen verstärkter Isolation zeigen, haben wir beobachtet, daß das Saugen sehr schwach ausgebildet ist. Der M. orbicularis oris ist aufgrund einer Fehlfunktion des Buccinatormechanismus sehr hypoton. Diese Kinder verlieren beim Saugen sehr viel Milch über die Mundwinkel.
Bei Neugeborenen mit Saugstörungen sind diese Bewegungen nur sehr schwach ausgebildet oder fehlen vollständig.
Aus dieser Beobachtung können wir den Schluß ziehen, daß diese Zungenbewegungen für das normale Saugen wichtig sind und daß sie mit dem Reifeprozeß allmählich inhibiert werden. Wenn sich dieser Inhibitionsprozeß nicht einstellt, persistieren die primären Zungenbewegungen.

Bei geistig behinderten Kindern, ausgeprägten Hypotoniesyndromen und bei MCD-Kindern persistieren diese Bewegungen häufig über einen längeren Zeitraum hinweg. Natürlich dürfen wir die primären Zungenbewegungen nicht mit pathologischen Zungenbewegungen verwechseln, die bei Kindern mit zentralen Koordinationsstörungen auftreten.
Bei muskulärer Erschöpfung können diese Bewegungen auch bei gesunden Erwachsenen mit atypischem Schluckakt beobachtet werden.
Bei alten Menschen, denen Zähne fehlen, bei seniler Demenz und bei pseudobulbären Paresen, können die primären Zungenbewegungen wieder beobachtet werden.
Es ist zu beachten, daß bei Kindern, bei denen diese Bewegungen persistieren, die orofazialen Praxien und/oder die Artikulation beeinträchtigt sind. Die am stärksten beeinträchtigten Phoneme sind in der spanischen Sprache: s – t – l – r. Dies sind natürlich nicht die einzigen Faktoren, die eine Pathologie auslösen und die Artikulation beeinträchtigen. Es handelt sich meist um multifaktorielle Störungen.
Mit der orofazialen Regulationstherapie können wir auf die primären Zungenbewegungen Einfluß nehmen. Dies geschieht über direkte Stimulation der Zunge oder indirekte Beeinflussung der Zungenbewegungen in der Mundhöhle mit Hilfe bestimmter Übungen, die über Kopf- und Körperhaltung und -bewegungen durchgeführt werden.

Abb. V/4 (links): Kind mit Down-Syndrom. Das Kind bekam den Auftrag, den Mund zu öffnen und die Zunge herauszustrecken. – Abb. V/5 (Mitte): Wellenbewegung von hinten nach vorne, mit zusätzlicher Zungendiastase. – Abb. V/6 (rechts): Die Zunge geht langsam in die Ruhelage zurück.

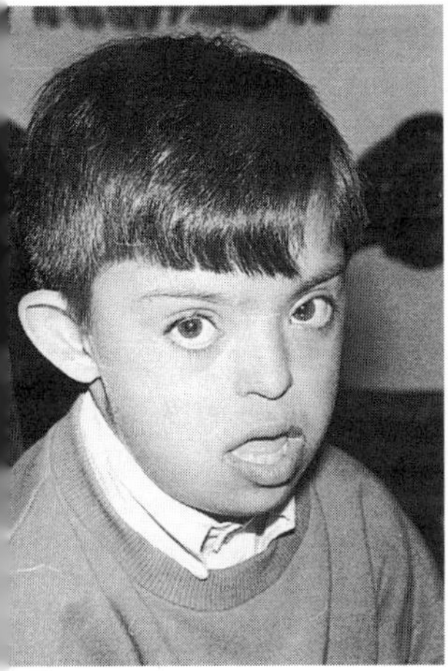

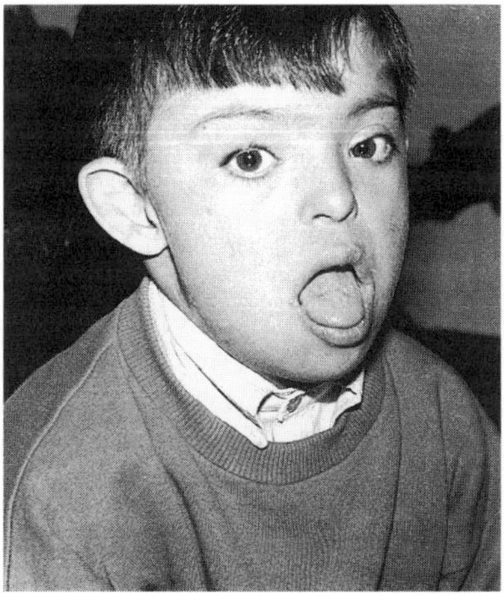

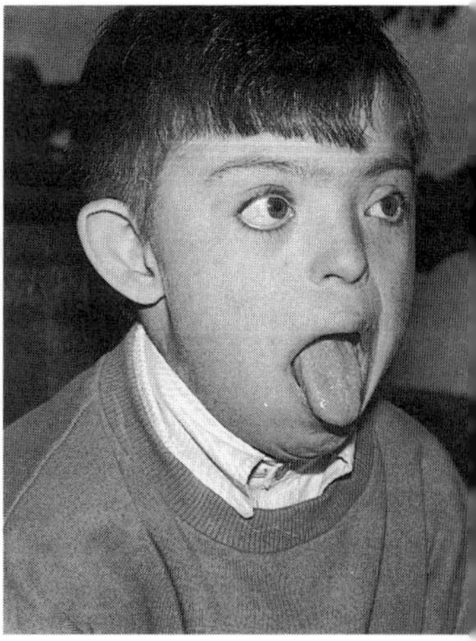

4. *Befundaufnahme des Gaumens*

Eine relativ häufige Pathologie ist die Gaumenspalte (Palatoschisis). Es ist eine kongenitale Fehlbildung, bei der die beiden Gaumenhälften in der Mitte nicht verbunden sind. Die Spalte kann das Gaumensegel, den harten Gaumen und die Alveolarfortsätze des Oberkiefers betreffen. In der Hälfte der Fälle ist die Gaumenspalte mit anderen Fehlbildungen wie z. B. einer uni- oder bilateralen Lippenspalte begleitet. Vier Formen sind für uns wichtig:
- Segelspalte,
- Gaumen- und Segelspalte,
- einseitige Lippen-Kiefer-Gaumen-Segelspalte und
- doppelseitige Lippen-Kiefer-Gaumen-Segelspalte.

Bei der Gaumenspalte entwickeln sich die Mm. levator und tensor veli palatini, palatoglossus und palatopharyngeus normal, reichen jedoch nicht bis zur Mitte des Gaumensegels, um die verwobene mittlere Raphe zu bilden. Die motorische Synergie geht verloren.

Wenn wir den Patienten bitten, einen Laut zu bilden, können wir beobachten, daß die zwei Gaumensegelhälften zur Seite und nicht nach oben bewegt werden. Auf diese Weise ist die Öffnung zum Nasenrachen vergrößert.

Eine weitere häufige Störung ist die submuköse Gaumenspalte aufgrund einer kongenitalen Fehlbildung. Der knöcherne Gaumen ist in der Mitte nicht geschlossen, jedoch vollständig mit Schleimhaut überzogen. Die bereits oben aufgeführten Muskeln überkreuzen sich nicht in der Mittellinie. Das bedingt eine Dyssynergie der Gaumensegelmuskeln. Häufig ist dies begleitet von einer Rhinolalia aperta (offenes Näseln). Eine Uvula bifida, als isolierte Erscheinung, beeinflußt das Sprechen nicht. Ist diese Störung mit einer Rhinolalia aperta kombiniert, ist dies ein Hinweis auf eine submuköse Gaumenspalte.

5. *Befundaufnahme des Gaumensegels*

Für die Untersuchung bitten wir den Patienten, den Mund zu öffnen und ein langanhaltendes »a« zu sprechen. Unter normalen Umständen hebt sich das Gaumensegel und trennt den Oropharynx vom Nasopharynx, indem sich das freie Ende des Gaumensegels mit der hinteren Rachenwand in Kontakt bringt. Besteht eine Gaumensegelparese aufgrund einer einseitigen Läsion des N. vagus, weicht der Gaumenbogen zur gesunden Seite ab. Die paretische Seite wird durch die Aktivität der intakten Muskulatur zur Gegenseite

gezogen. Während des Schluckens kommt es zum Reflux von Flüssigkeiten durch die Nasenöffnungen. Außerdem bedingt die Parese durch den mangelnden Abschluß zum Nasenrachen eine Dysphonie mit näselnder Stimme.
Die komplette Gaumensegelparese, durch die bilaterale Läsion des N. vagus verursacht, hat schwerwiegende Störungen beim Schlucken und der Phonation zur Folge.
Der Würgreflex wird geprüft durch das Berühren des vorderen Gaumenbogens mit einem Spatel. Als Reaktion hebt sich das Gaumensegel. Die afferente Bahn bilden die Nn. glossopharyngeus, trigeminus und vagus, die efferente Bahn die Nn. trigeminus, vagus und hypoglossus.

6. *Befundaufnahme des Ober- und Unterkiefers*

Bestehende morphologische Anormalitäten haben kongenitale oder erworbene Ursachen. Kongenital finden wir Abweichungen z. B. bei folgenden Syndromen:
Das *Pierre-Robin-Syndrom* ist neben anderen Merkmalen durch eine Hypoplasie des Unterkiefers, Glossoptose und Kiefer-Gaumenspalte charakterisiert. Aufgrund dieser Fehlbildungen findet man bei kleinen Kindern häufig eine starke Ateminsuffizienz. Hinzu kommt ein Fehlen der Saugreaktion, das die Nahrungsaufnahme äußerst schwierig gestaltet.
Das *Treacher-Collins-Syndrom* ist gekennzeichnet durch antimongoloide Lidspaltenstellung, Hypoplasie des Jochbeines, Hypoplasie des Unterkiefers und Fehlbildung der Ohrmuscheln.
Das *Cornelia-de-Lange-Syndrom* äußert sich ebenfalls durch eine Hypoplasie der Mandibula und schmale Lippen. An der Oberlippe finden wir in der Mitte eine kleine Spitze, die genau mit einer Eindellung an der Unterlippe übereinstimmt.
Die häufigsten Ursachen einer *erworbenen Mikrogenie* sind das Benutzen eines Schnullers, das Daumenlutschen oder andere Saugangewohnheiten.
Als *Progenie* bezeichnet man ein sehr prominentes Kinn. Dieses führt zu einer Malokklusion der Zähne und zu Störungen beim Kauen und Schlukken. Wenn die Artikulation zu weit nach vorne verlagert ist, tritt ein interdentaler Stigmatismus auf. Ein Beispiel einer Progenie ist das *Wiedemann-Beckweith-Syndrom,* das außerdem noch Merkmale einer Makroglossie und Gigantismus aufweist.

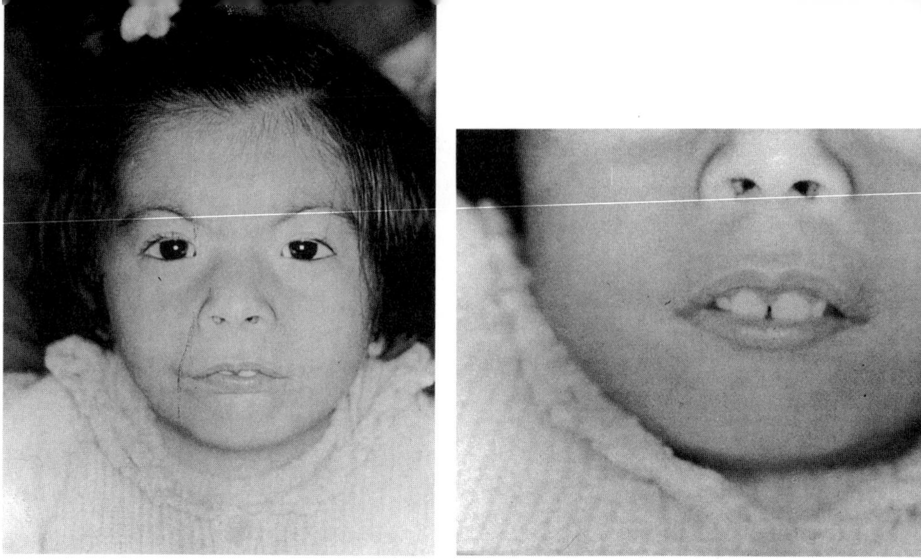

Abb. V/7 und 8: Kind mit Cornelia-de-Lange-Syndrom mit charakteristischen Lippen. Die Kinn-Lippenfurche ist verstärkt. Hyperaktivität des M. mentalis.

Ein Beispiel einer *Oberkieferhypoplasie* ist das *Crouzon-Syndrom*, das begleitet ist von einer großen, gebogenen Nase (Papageienschnabelnase); Hypertelorismus und prämaturen Synostosen der Schädelnähte.

7. *Befundaufnahme der orofazialen Funktionen*

Eine detaillierte Aufführung aller Faktoren, die bei der Befundaufnahme der orofazialen Funktionen zu berücksichtigen sind, würde zu weit gehen. Wir geben nachfolgend einige wichtige Anhaltspunkte für das Analysieren des Schluckens.

Palpation der Aktivität des M. temporalis während des Schluckens: Unter normalen Umständen hebt sich die Mandibula, die Zähne und die Lippen sind in verstärktem Kontakt. Sind die Zähne beim Schlucken nicht im Kontakt, ist keine Aktivität des M. temporalis zu spüren.

Ausschalten der Aktivität der Unterlippe während des Schluckens: Ein Spatel wird auf die Unterlippe aufgelegt. Unter normalen Umständen kann geschluckt werden; wenn jedoch ein atypischer Schluckakt vorhanden ist mit interdentaler Zungenlage, ist eine kräftige Kontraktion des M. mentalis und der Unterlippe erforderlich, um die Mandibula zu stabilisieren.

Beim Säugling (d. h. beim infantilem Schluckakt) liegt die Zunge – vor dem Zahndurchbruch der vorderen Zähne – auf dem unteren Kieferkamm und

die Mandibula wird durch die Kontraktion der fazialen Muskulatur stabilisiert.
Beim *reifen Schluckakt* sind die Unterkieferheber aktiv beteiligt. Die Zähne werden in Okklusion gebracht und die Zunge bleibt in der Mundhöhle eingeschlossen.
Beim *Schluckmuster mit einfachem Zungenstoß* kontrahieren sich die Unterkieferheber zusammen mit der Kinn- und Lippenmuskulatur. Die Zunge wird protruiert und verschließt den vorderen offenen Biß. Meist sind es Kinder, die am Daumen gelutscht haben.
Beim *Schluckmuster mit komplettem Zungenstoß* sind die Zähne beim Schlucken nicht in Kontakt. Es erfolgt eine Kontraktion der Lippen-, Kinn- und fazialen Muskulatur; die Unterkieferheber sind nicht aktiv.
Bei zerebralparetischen Kindern persistiert oft das *infantile Schluckmuster* über das Alter des zweiten Zahndurchbruches hinaus. Man kann einen kräftigen Zungenstoß, kräftige Kontraktion der Lippen, der fazialen Muskulatur und des M. buccinator beobachten und sehr wenig mimischen Ausdruck, da die mimische Muskulatur zum Stabilisieren der Mandibula eingesetzt wird.
Beim *Schluckmuster mit interdentaler Zungenlage* sind die Zähne nicht in Kontakt. Schiebt sich die Zunge beim Schlucken zwischen die vorderen Schneidezähne, führt dies zu einem vorderen offenen Biß, wird sie zwischen die Molaren und Prämolaren geschoben, zu einem lateral offenen Biß.
Beim *Schluckmuster mit Einziehen der Unterlippe* wird die Mandibula nach hinten verlagert. Um eine Okklusion zu erreichen, werden die Unterlippe und der M. mentalis stark kontrahiert.

Das Persistieren von Saugangewohnheiten

Im ersten Lebensjahr eines Kindes ist das Saugen eine physiologische Ernährungsweise und Art der Lustgewinnung. Das Saugen beginnt intrauterin. Die Saugreaktion ist bei Geburt vorhanden und auch in den ersten Lebensmonaten des Kindes auslösbar, bis das Saugen immer mehr der Willkür unterliegt. Das Persistieren der Saugreaktion über das physiologische Alter hinaus kann als Ursache Daumenlutschen, die Verwendung eines Schnullers oder das Saugen an Gegenständen, an der Lippe oder Zunge haben. Letzteres ist häufig bei Kindern mit Down-Syndrom zu beobachten.
Ob diese Saugaktivitäten zu Angewohnheiten werden, die das neuromuskuläre Gleichgewicht des orofazialen Komplexes und die Entwicklung der Okklusion stören, hängt von Zeitdauer, Häufigkeit und Intensität ab.

Das Manifestieren von Saugaktivitäten hängt in vielen Fällen eng mit Problemen im psychischen Bereich zusammen, etwa bei mangelnder affektiver Zuwendung, oder es wird stereotyp bei Kindern, die sich isolieren.
Im Laufe der Entwicklung fixieren sich derartige Saugmuster, und stören die Normalentwicklung der orofazialen Praxien. Wir raten, keine Substanzen zu verwenden, die bei älteren Kindern das Saugen unterbinden sollen, sondern sehr intensiv nach möglichen Ursachen der persistierenden Saugaktivitäten zu forschen. Ein hoher Prozentsatz der Kinder, die am Daumen lutschen, verbinden dies mit Nägelkauen. Häufig handelt es sich um nervöse Kinder mit Tendenz zur Autoaggression. Es gibt Kinder, die mit dem Saugen der Lippen beginnen, später in ihre eigenen Lippen beißen, bis zur Automutilation derselben. Es handelt sich um Kinder mit Zerebralparese, mit zusätzlichem Lesch-Nyhan-Syndrom, das sehr selten vorkommt.
Bei der Befundaufnahme all unserer kleinen Patienten müssen wir herausfinden, ob eine Möglichkeit besteht, die Saugreaktion zu inhibieren, da das Bestehenbleiben das Reifen der neuromuskulären Mechanismen stört, die für die Entwicklung des Sprechens notwendig sind.

8. Kompensationen

Das Diagnostizieren der Kompensationen ist bei der Befundaufnahme des orofazialen Komplexes von größter Bedeutung und ebenso wichtig wie die Feststellung der eigentlichen Pathologie. Mit diesen kompensatorischen Mechanismen schützt sich der Organismus vor der Pathologie, und manchmal kann man sie sogar mit der eigentlichen Pathologie verwechseln. Es gibt zahlreiche, verschiedenartige Kompensationen am orofazialen Bereich. Bei hypotonen Kindern findet man z. B. häufig einen vorderen offenen Biß, einen atypischen Schluckakt, einen im Tonus erhöhten Mundboden mit fester Konsistenz und ein leichtes Zurückneigen des Kopfes während des Schluckens. Mit dem erhöhten Tonus im Mundboden stabilisieren sie die Mandibula und mit dem Reklinieren des Kopfes erleichtern sie sich die Passage des Nahrungsbolus in den Rachen. Ein weiterer Faktor, der zu erhöhtem Tonus im Mundboden führt, ist der Zungenstoß nach vorne. Verringern wir die Kompensationen durch verschiedene therapeutische Techniken, so erscheint es, als hätte das Kind weniger Schutzmechanismen und die Pathologie würde sich verstärken.

Untersuchungsbogen für den orofazialen Komplex
(nach Castillo Morales)

Vor- und Zuname ______________________________ Datum ______
Geburtsdatum ______________________________
Ärztliche Diagnose ______________________________
Psychologische / Entwicklungsdiagnose ______________________________

A. Muskulatur

	– ± + *)
1. Kopfbeuger	______
2. Kopf-(Nacken-)strecker	______
3. Seitneiger des Kopfes	______
4. Rotatoren des Kopfes	______
5. Kaumuskeln a) M. temporalis	______
b) M. masseter	______
c) M. pterygoideus med.	______
d) M. pterygoideus lat.	______
6. Buccinatormechanismus	______
7. Zungenmuskeln:	
Bewegungen der Zunge nach oben	______
unten	______
vorn	______
hinten	______
rechts	______
links	______
8. Gerade Bauchmuskeln: Rektusdiastase? Ja/Nein	______

B. Lippen

in Ruhe:	Ja/Nein
1. Lippen geöffnet?	______
2. Lippen normoton?	______
3. Lippen hypoton?	______
4. Lippen hyperton?	______
5. Lippen dyston?	______
6. Ist die Unterlippe relaxiert und evertiert?	______
7. Speichelfluß aus den Mundwinkeln?	______
Rhagaden?	______
8. Ist ein Abdruck der Zähne zu sehen auf der Oberlippe?	______
– auf der Unterlippe?	______
9. Sind die Mundwinkel in Mittelstellung?	______
– hochgezogen?	______
– heruntergezogen?	______

*) Bewertungsskala
– ohne Muskelkontraktion
± sicht- oder fühlbare Kontraktion ohne Bewegung
+ Kontraktion mit Bewegung, ohne oder gegen Widerstand

	Ja/Nein
10. Länge des Philtrums (der Oberlippe): normal?	________
zu lang?	________
zu kurz?	________
11. Ist der Kinnmuskel kontrakt und drückt gegen die unteren Schneidezähne, wobei die Unterlippe vorgestülpt wird?	________
12. Ist die Oberlippe verdickt? Weisen beide Lippen eine flaschenhalsförmige Vorstülpung auf?	________
bei Spontanaktivität:	
13. Bleibt die Oberlippe inaktiv und hochgezogen?	________
14. Wird die Unterlippe beim Schlucken gegen die unteren Schneidezähne gepreßt?	________
15. Beißt das Kind auf die Oberlippe?	________
– auf die Unterlippe?	________
16. Saugt es an der Oberlippe?	________
– an der Unterlippe?	________

C. Zunge

1. Ist die Zunge normotroph?	________
2. – hypertroph (Makroglossie)?	________
3. – hypotroph (Mikroglossie)?	________
4. – gespalten?	________
5. – symmetrisch?	________
6. – asymmetrisch nach rechts?	________
7. – asymmetrisch nach links?	________
8. Landkartenzunge?	________
9. Liegt eine Zungendiastase vor?	________
10. Finden sich an der Zunge Impressionen der Zähne?	________

11. Position der Zunge

a. Liegt die Zunge innerhalb der Zahnleisten?	________
b. Drückt sie gegen die Oberlippe?	________
c. – gegen die Unterlippe?	________
d. Liegt sie zwischen den Zähnen?	________
e. Drückt sie gegen die unteren Schneidezähne?	________
f. – gegen die oberen Schneidezähne?	________
g. Überragt sie seitlich die Zahnreihen?	________
h. Ist in Ruhe die Zungenwurzel gehoben (normal)?	________
i. Ist in Ruhe die Zungenspitze gesenkt (normal)?	________

12. Qualität der Zungenbewegungen

a. Gibt es harmonische Zungenbewegungen?	________
b. – ein Zittern?	________
c. – choreoathetotische Bewegungen?	________
d. – wurmförmige Bewegungen?	________
e. – Faszikulationen?	________
f. – primäre Zungenbewegungen?	________
g. – andere auffällige Bewegungsmuster?	________
welche:	________

D. Harter Gaumen

	Ja/Nein
1. Ist der Gaumen normal geformt?	
2. – weit?	
3. – gespalten? komplett?	
– inkomplett gespalten?	
4. – gotisch?	
5. – eng?	
6. Liegt ein Stufengaumen vor?	
7. Sind die Gaumenfalten sehr ausgeprägt?	

E. Gaumensegel

1. Zeigt das Gaumensegel eine gute Funktion?	
2. Ist es gelähmt?	
3. Ist der Würgereflex vorhanden?	
4. Ist das Gaumensegel gespalten?	

F. Zahnentwicklung

1. keine Zähne?	
2. Milchzähne?	
3. Wechselgebiß?	
4. bleibendes Gebiß?	
5. Ist der Zahndurchbruch verzögert?	
6. Liegt eine Hypodontie vor?	
7. Bestehen Zahnstellungsanomalien?	
welche:	
8. Bestehen Abweichungen von der normalen Kronenform?	
a. tonnenförmig?	
b. zapfenförmig?	
c. abgeschliffen?	
d. andere:	
welche:	
9. Liegen Zahnlücken vor?	

G. Biß

1. Ist die Verzahnung normal?	
2. Ist der Biß offen?	
a. mit Protrusion im Oberkiefer (Pseudoprognathie)?	
b. mit Protrusion im Unterkiefer (Pseudoprogenie)?	
3. Liegt ein Kreuzbiß vor?	
a. mit Malokklusion rechts?	
b. mit Malokklusion links?	

H. Oberkiefer

Ist der Oberkiefer normal geformt?	
a. Prognathie (Distalbiß)?	
b. Mikrognathie?	

I. Unterkiefer

	Ja/Nein
Ist der Unterkiefer normal geformt?	______
a. Progenie (Mesialbiß)?	______
b. Mikrogenie?	______

K. Kiefergelenk

1. Ist die Beweglichkeit im Kiefergelenk normal?	______
2. Wie groß ist die Schneidekantendistanz (SKD)?	…… cm
3. Ist das Kiefergelenk überdehnbar?	______
4. Ist es rigide?	______
5. Kommt es zur habituellen Luxation?	______
6. Liegt eine Kieferklemme vor?	______
7. Liegt eine Ankylose vor?	______

L. Atmung

1. Dominiert eine obere Brustatmung (klavikuläre A.)?	______
2. Dominiert eine untere Brustatmung?	______
3. Dominiert die Bauchatmung?	______
4. Liegt eine paradoxe Atmung vor?	______
5. Erfolgt die Atmung ausschließlich durch den Mund?	______

M. Nahrungsaufnahme

1. Trinkt das Kind flüssige Nahrung?	______
2. Trinkt es an der Brust?	______
3. Trinkt es aus der Flasche?	______
4. Nimmt es Flüssigkeit vom Löffel?	______
5. Trinkt es aus Glas oder Becher?	______
6. Trinkt es mit dem Strohhalm?	______
7. Nimmt das Kind breiige Nahrung?	______
8. Ißt es feste Nahrung?	______
9. Kann es saugen?	______
a. Ist der Saugakt normal?	______
b. – atypisch?	______
10. Kann das Kind schlucken?	______
a. Ist der Schluckakt normal?	______
b. – atypisch?	______
c. – mit der Zunge zwischen den Schneidezähnen?	______
d. – mit der Zunge auch zwischen den Molaren?	______
e. – mit eingezogener Unterlippe?	______
f. – mit eingezogener Oberlippe?	______
11. Kann das Kind beißen (Maskation)?	______
12. Kann das Kind kauen (Mastikation)?	______
13. Kann es schlürfen?	______
14. Hat das Kind eine Sonde?	______

N. Weitere Beobachtungen

1. Lächelt das Kind?	______
2. Weint es?	______
3. Hustet es?	______

	Ja/Nein
4. Gibt es Gurgellaute von sich?	________
5. Spricht es Worte, wie viele?	________
6. Liegt eine Dysarthrie vor?	________
Wie ist die Artikulation gestört?	________
7. Hat das Kind Speichelfluß?	________
– nur bei Anstrengung, Ablenkung o. dgl.?	________
8. Hat es auffällige Preßgewohnheiten?	________
Knirscht es mit den Zähnen?	________
9. Lutscht es am Daumen?	________
– an mehreren Fingern?	________

O. Anamnese

Allergien ....

häufige Erkältungen ....

Tonsillen ....

Adenoide ....

bisherige Operationen ....

plastische oder ästhetische Operationen? ....

welche? ....

Röntgenaufnahmen des Schädels (Basis, Profil, Choanen usw.) ....

....

....

P. Therapie-Indikationen

1. Orofaziale Regulationstherapie, Mundübungen usw.

....

....

2. Gaumenplatte
(beschreiben, Form einzeichnen)

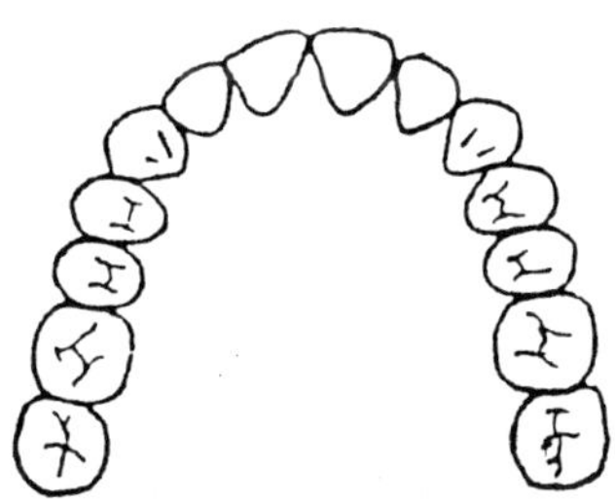

....

....

....

....

....

....

....

....

3. Kieferorthopädische Regulation
(beschreiben, einzeichnen)

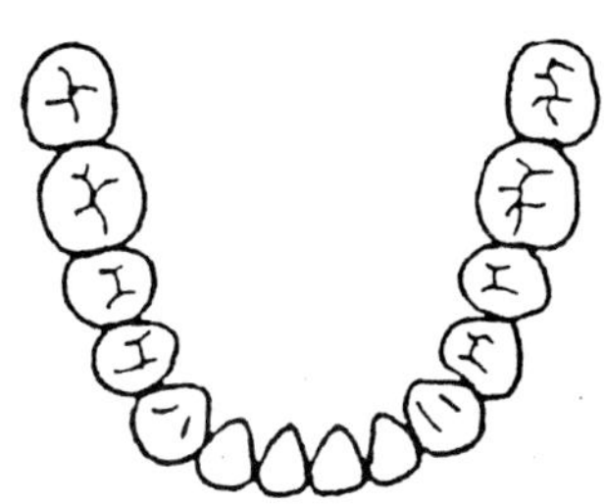

....

....

....

....

....

....

....

....

VI. Grundlagen der Orofazialen Regulationstherapie

Das Ziel der Behandlung des orofazialen Komplexes ist es, normale oder annähernd normale Bewegungsmuster anzubahnen. Drei Elemente sind besonders wichtig:

1. Aufbau und Mechanismus des Kiefergelenkes

Für ein besseres Verständnis, mit welchen Strukturen und Mechanismen wir in welcher Art und Weise arbeiten, um funktionelle Bewegungsmuster anbahnen, ist es notwendig, die Anatomie, die Biomechanik, die Neurophysiologie der Kiefergelenkbewegungen und bestimmte Rezeptoren zu kennen.

2. Die Bedeutung der Kopf- und Kiefergelenkkontrolle

Wir richten uns nach dem von uns modifizierten Schema von Brodie, welches uns zeigt, daß die Mandibula-, Zungenbein- und Zungenhaltung direkt von der Kopf- und Körperhaltung abhängig sind.
Um funktionelle Bewegungsmuster im Gesichtsbereich auslösen zu können, ist eine korrekte Körperhaltung Voraussetzung, die eine gute Kopf- und Mandibulahaltung möglich macht. Ziel ist es, eine aktive Aufrichtung von Rumpf und Kopf zu fazilitieren, die auf Dauer vom Patienten übernommen werden soll.

3. Manuelle Techniken, die in der Therapie verwandt werden

Es sind hauptsächlich Berührung, Druck, Streichen, Zug und Vibration. Als Verstärker nehmen wir die Stimulation des Geschmacks- und Geruchssinnes, des Sehens und des Hörens hinzu.

1. *Aufbau und Mechanismus des Kiefergelenkes*

1.1 *Anatomischer Aufbau*

Das Temporomandibulargelenk, das das Os temporale mit der Mandibula verbindet, spielt ohne Zweifel eine ganz bedeutende Rolle. Es besteht aus zwei Gelenkflächen. Die obere, zum Os temporale gehörend, trägt im hinteren Anteil eine Konkavität, die Fossa mandibularis, im vorderen Anteil eine Konvexität, das Tuberculum articulare. Die untere Gelenkfläche,das Caput mandibulae, ist nur konvex, was die beiden Gelenkflächen nicht genau miteinander harmonieren läßt. Dieses nicht genaue Aufeinanderpassen wird durch den Discus articularis ausgeglichen.

Das Gelenk wird stabilisiert durch die Gelenkkapsel, durch die äußeren und inneren Gelenkbänder und Hilfsbänder, wie dem Lig. stylomandibulare und Lig. sphenomandibulare.

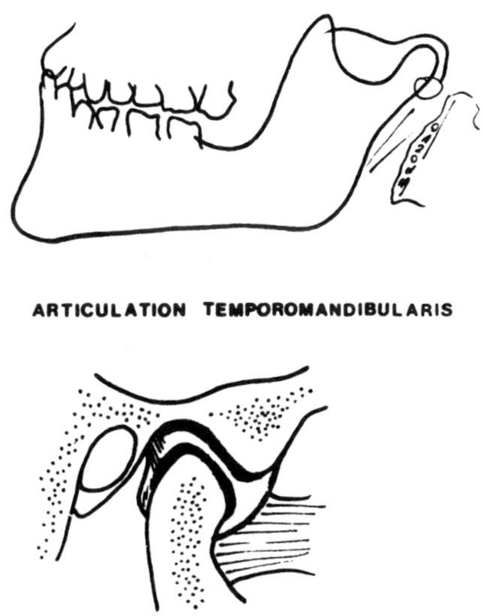

Abb. VI/1: Anatomie des Kiefergelenkes. (Zeichnung Brondo)

1.2 *Biomechanik*

Das Kiefergelenk ist in drei Richtungen beweglich:

– Auf- und Abbewegungen der Mandibula,
– Vorschieben und Zurückziehen der Mandibula,
– Seitliches Verschieben der Mandibula.

Die Muskeln, die diese Bewegungen durchführen, sind:

Heben: M. temporalis, M. masseter und M. pterygoideus medialis.

Senken: vorderer Anteil des M. digastricus, Platysma, und als Hilfsmuskeln Mm. mylo- und geniohyoideus.

Protrusion: M. pterygoideus lateralis (symmetrische Kontraktion).

Retrusion: die untersten, horizontalen Fasern des M. temporalis und der vordere Anteil des M. digastricus.

Lateralisation: M. pterygoideus lateralis (einseitige Kontraktion).

Die Auf- und Abbewegungen kommen durch eine Kombination von zwei Bewegungen zustande: einer Translation des Kondylus nach vorne und hinten sowie einer Rotation des Kondylus um seine frontotransversale Achse.

Beim Senken der Mandibula senkt sich als erstes der Kondylus etwas, verschiebt sich dann nach vorne und zieht den Discus articularis mit sich. Gleichzeitig erfolgt eine Rotationsbewegung des Kondylus um seine Frontotransversalachse; diese Rotation bewirkt die Mundöffnung und ist begrenzt durch das laterale Gelenkband.

Beim Heben der Mandibula verläuft die Bewegung in genau umgekehrter Reihenfolge. Heute weiß man, daß beim Heben der Mandibula die Elastizität des Discus articularis eine entscheidende Rolle spielt, der aus der starken Dehnstellung wieder zurück in die Ruhehaltung schnellt.

Bei der Pro- und Retrusion wird die Mandibula nach vorne bzw. zurück verschoben, während sie in Kontakt mit der oberen Zahnreihe bleibt. Die Mandibulakondylen gleiten aus der Fossa mandibularis und schieben sich unter das Tuberculum articulare. Beim Zurückziehen gleiten die Kondylen wieder in die Fossa zurück.

Verschiebt sich die Mandibula zu einer Seite, so dreht sich der Kondylus dieser Seite um seine Sagittalachse, bleibt aber in der Fossa mandibularis; der Kondylus der Gegenseite geht aus der Fossa und schiebt sich unter das Tuberculum articulare.

1.3 Neurophysiologie

Die Kiefergelenkbewegungen benötigen eine präzise Koordination der Kontraktion bestimmter Muskelgruppen, die durch eine intakte reziproke Innervation zustande kommt. Damit die Bewegungen harmonisch sind, bedarf es einer ausreichenden Haltungskontrolle auf der Grundlage eines normalen Tonus.

Der Normotonus ist in erster Linie auf dem einfachen myotatischen Reflexbogen der Eigenreflexe aufgebaut, über den das Zentralnervensystem die Muskelaktivität kontrolliert.
Eine motorische Einheit besteht aus dem Alpha-Motoneuron, dem von ihm ausgehenden Nerv und den von ihm innervierten Muskelfasern. Bei den kleinen Muskeln am orofazialen Komplex gehören jeweils nur 8 bis 10 Muskelfasern zu einer Einheit, um ihre Präzision sicherzustellen.
Im Gegensatz dazu innerviert ein Motoneuron bei einem Muskel, der keine sehr feine Arbeit leisten muß, wie z. B. der M. soleus am Unterschenkel, ca. 200 Muskelfasern.

1.4 Rezeptoren

In den anatomischen Strukturen des orofazialen Komplexes finden wir eine große Anzahl von Rezeptoren verschiedener Art, die über Haut, Schleimhäute, Muskeln, Sehnen, Aponeurosen, Gelenke, Periost und Zähne verteilt sind.
Entsprechend ihrer Struktur unterscheidet man heute nicht eingekapselte und eingekapselte Rezeptoren.

1. *Nicht eingekapselte Rezeptoren*
- Freie Nervenendigungen: Schmerzempfindung,
- Merkelsche Tastscheiben: Tastempfinden,
- Nervenendigungen der Haarwurzeln: Tastempfinden.

2. *Eingekapselte Rezeptoren*
- Meißnersche Tastkörperchen: diskriminatives Tastempfinden von zwei Punkten,
- Vater-Pacini Körperchen: Druckempfinden,
- Krausesche Endkolben: Kälteempfinden,
- Ruffini-Körperchen: Wärmeempfinden,
- Muskelspindeln: Dehnung,
- Sehnenspindeln (Golgiapparat): Dehnung.

Diese Systeme haben sämtlich eine große Bedeutung für die Weiterleitung der verschiedenen Empfindungen. Die orofaziale Muskulatur ist gut versorgt mit freien Nervenendigungen und eingekapselten Rezeptoren. Die wichtigsten sind die Muskelspindeln mit ihrer hochdifferenzierten Struktur.
Eine Muskelspindel besteht aus 5 bis 10 dünnen quergestreiften Muskelfa-

sern (intrafusale Fasern), die von einer flüssigkeitsgefüllten bindegewebigen Kapsel umgeben sind. Nur die extremen Enden sind kontraktil. Sie liegen parallel zu den extrafusalen Muskelfasern, die außerhalb der Muskelspindel liegen und die kontraktilen Elemente des Muskels sind.
Morphologisch unterscheidet man in der Muskelspindel zwei verschiedene intrafusale Fasertypen:

- Kernkettenfasern und
- Kernhaufenfasern.

Die intrafusalen Muskeln haben eine sensible und eine motorische Innervation. Die sensible Innervation geht aus von den Primärrezeptoren, den anulospiralen und den Flower-spray Endigungen.
Die motorische Innervation ist gegeben durch die Gammamotoneuronen des Vorderhorns im Rückenmark, deren motorische Endplatten sich an den extremen Enden der intrafusalen Muskelfasern befinden.
Bei allen orofazialen Muskeln innervieren mehr Nervenfasern die Muskelspindeln als die extrafusalen Muskelfasern, die eigentlichen kontraktilen Elemente der Muskeln.
Im Vergleich zu den Unterkiefersenkern befindet sich eine größere Anzahl von Muskelspindeln (die auf den Dehnreflex reagieren) in den Unterkieferhebern.
Es gibt mindestens zwei Möglichkeiten, das Auslösen des Dehnungsreflexes in der Kaumuskulatur zu beschreiben: Wenn sich der Nahrungsbolus zwischen die oberen und unteren Backen- und Mahlzähne schiebt, kommt es zu einer leichten Kieferöffnung, die eine Dehnung in den Unterkieferhebern verursacht, vor allem im M. masseter und M. pterygoideus medialis. Dadurch werden die Rezeptoren der intrafusalen Muskelfasern aktiviert. Dieser Stimulus läuft über einen afferenten oder sensiblen Weg zum Alphamotoneuron des Trigeminuskerns im Mesenzephalon. Von dort aus geht ein Impuls auf efferentem oder motorischem Weg zu den extrafusalen Muskelfasern, der Muskel kontrahiert sich, die Nahrung wird zermalmt. Nach Murphey werden die efferenten Gammabahnen durch die Konsistenz und den Widerstand des Nahrungsbolus reflektorisch aktiviert.

3. Gelenkrezeptoren

In den letzten Jahren schreibt man den Gelenkrezeptoren eine größere Bedeutung bei der neurophysiologischen Regulierung der Mandibulahaltung und -bewegung zu. Die Forschungen wurden von einem Chirurgenteam

der Neurophysiologischen Abteilung des Royal College in London durchgeführt.
Nach Greenfield und Wyke waren die Gelenkrezeptoren in vier große Gruppen eingeteilt: Rezeptoren Typ I, II, III und IV.

Die Typ I Rezeptoren haben eine niedrige Reizschwelle und sind langsam in der Anpassung an den Stimulus. In Ruhe ist nur eine geringe Anzahl dieser Rezeptoren aktiviert; etwa 10- bis 20 Entladungen/sec, die durch Spannungsänderungen im Bereich der Gelenkkapsel ausgelöst werden. Eine große Anzahl von Rezeptoren wird aktiviert bei passiven oder aktiven Kiefergelenkbewegungen oder durch isometrische oder isotonische Kontraktionen der kiefergelenkumgebenden Muskulatur. Diese Impulse werden über afferente Bahnen zum Zenralnervensystem geleitet.
Diese Typ I Rezeptoren werden nach ihren Funktionen eingeteilt:
- statische Mechanorezeptoren: Sie geben Auskunft über bestimmte Haltungen, in der sich das Kiefergelenk befindet.
- dynamische Mechanorezeptoren: Sie geben Auskunft über Bewegungsrichtung, -geschwindigkeit und -radius der Bewegungen des Kiefergelenkes.

Außerdem sind die Typ I Rezeptoren wichtig für die Tonusregulierung der Kaumuskulatur. Sie beeinflussen die reflektorische reziproke Koordination, indem sie den Tonus der gesamten Kiefergelenkmuskulatur fazilitieren bzw. inhibieren, je nach Notwendigkeit.

Die Typ II Rezeptoren haben eine niedrige Reizschwelle und passen sich schnell an. Sie haben hohe, aber nur kurz anhaltende Entladungsfrequenzen zu Beginn und Ende einer Bewegung. Die Entladungszeit ist weniger als eine Sekunde. Sie sind als dynamische Mechanorezeptoren beschrieben, die auf Zu- und Abnahme von Geschwindigkeit reagieren.

Die Typ III Rezeptoren befinden sich im lateralen Band und in den Hilfsbändern des Kiefergelenkes. Sie arbeiten analog zur Muskelspindel. In »Normalsituationen« sind sie inaktiv, sie reagieren nur in Extremstellungen der Mandibula. Dann inhibieren sie die Aktivität der motorischen Einheiten der extrafusalen Muskelfasern und schützen so das Gelenk.

Die Typ IV Rezeptoren sind freie Nervenendigungen, die für die Schmerzempfindung zuständig sind. Normalerweise sind sie inaktiv, haben eine hohe Reizschwelle und passen sich nie dem Stimulus an. Sie werden stimuliert durch mechanische oder chemische Irritationen der Gelenkgewebe. Wenn

sie aktiviert sind, stören sie die Haltungsreflexaktivität der Mandibula, den Kaumechanismus und andere funktionelle Bewegungen.
Wenn sich die Zähne schließen oder auf einen Gegenstand beißen, werden die Rezeptoren der periodontalen Bänder, der Schleimhaut, Zunge und auch Gelenkrezeptoren aktiviert, die ihre Impulse zum Zentralnervensystem leiten. So kann das Gehirn ein Okklusionsgefühl interpretieren.
Dabei ist die Fähigkeit, verschieden große Objekte zwischen den Zähnen zu unterscheiden, ausschließlich den Rezeptoren des Kiefergelenkes zugeordnet.

2. Die Bedeutung der Kopf- und Kieferkontrolle

Wenn wir mit Neugeborenen oder kleinen Kindern arbeiten, ist eine korrekte Kopfhaltung mit Unterstützung an der Hinterhauptzone unerläßlich. Läßt man den Kopf des Kindes frei, so wird eine Vielzahl von globalen Massenbewegungen ausgelöst durch multiple Afferenzen wie z. B. propriozeptive, vestibuläre oder visuelle Reize. Durch die Stimulation dieser Rezeptoren werden primäre Reaktionen (z. B. asymmetrischer bzw. symmetrischer tonischer Nackenreflex, Labyrinthreaktionen) ausgelöst, die einen negativen Einfluß auf die funktionellen Bewegungsmuster haben, die wir anbahnen, oder deren Qualität wir verbessern möchten.
Die im folgenden beschriebene Kopf-Körperhaltung bringt den Säugling (ob gesund oder mit zentralen Koordinationsstörungen) zur *»motorischen Ruhe«*. Eine Hand wird flächig um den Hinterkopf des Säuglings gelegt und ein rhythmischer, intermittierender Zug in Richtung kranial ausgeübt. Die andere Hand wird auf die Sternumzone aufgelegt und übt einen intermittierenden Druck Richtung dorsal/kaudal aus. In diesem Moment kommt das Kind zur »motorischen Ruhe«, was nichts anderes bedeutet als die Kontrolle der vorher genannten Afferenzen. In der »motorischen Ruhe« ist es schon dem Neugeborenen möglich, eine Person bzw. ein Objekt mit den Augen zu fixieren, die Hände zur Mittellinie zu führen und einen Gegenstand zu ergreifen, der ihm angeboten wird. In dieser Haltung hat das Kind optimale Voraussetzungen für die orofaziale Behandlung.
Wir wenden dieses Prinzip der »motorischen Ruhe« mit sehr gutem Erfolg auch bei größeren Kindern und Erwachsenen an, angepaßt an die verschiedenen Bedürfnisse des Patienten.

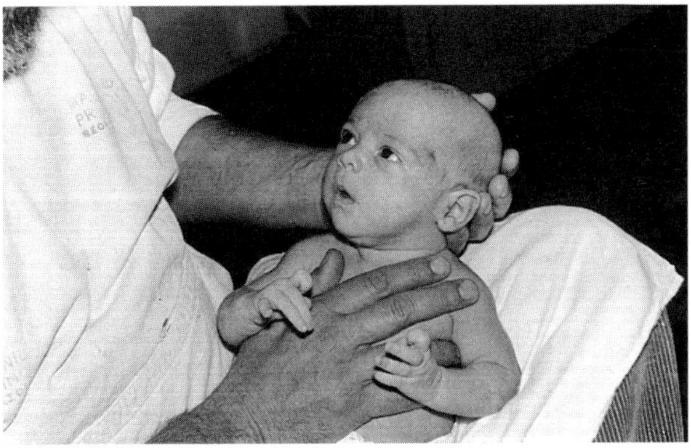

Abb. VI/2: Herstellen der »motorischen Ruhe«.

Kieferkontrolle

Unter Kieferkontrolle verstehen wir die manuelle Stabilisation der Mandibula zusammen mit der Kopfkontrolle. Die Haltung ist angepaßt an die Funktion, die wir anbahnen, unterstützen oder korrigieren möchten.

Für ein leichteres Verstehen der Kraftrichtungen und wo genau jeder einzelne Finger angelegt wird, haben wir uns einige Elemente aus der klinischen Zephalometrie zu eigen gemacht. Auf dem Schema eines Zephalogramms nach Steiner bringen wir einige für uns wichtige Linien an. Die erste Linie ziehen wir horizontal durch die kraniometrischen Punkte S (Türkensattel) und N (Nasion). Die zweite Linie läuft parallel dazu durch den Punkt A (Spina nasalis). Die dritte Linie läuft vertikal, im rechten Winkel zu den beiden ersten, durch den Mittelpunkt der Fossa mandibularis des Kiefergelenkes. Auf diese Weise entstehen zwei übereinanderliegende Quadranten und zwei Winkel, der obenliegende Alpha und der untere Beta. Anschließend werden die Winkelhalbierende des Winkels Alpha, die durch die Mitte des Kinns läuft, und die des Winkels Beta gezogen, die durch die Mitte des Mundbodens läuft.

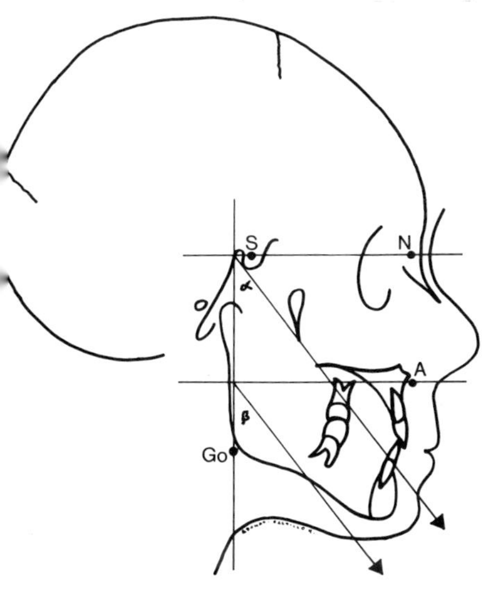

Abb. VI/3: Zephalogramm; zwei horizontale und eine vertikale Linie bilden zwei Quadranten mit den zugehörigen Winkelhalbierenden.

Möglichkeiten der Kieferkontrolle

Klassische Kieferkontrolle aus dem Bobath-Konzept: Wenn sich das Kind in einer guten Körperhaltung befindet, legen wir eine Hand an den Hinterkopf des Kindes, um den Kopf und Nacken aufzurichten und mit dem Körper zu stabilisieren. Mit der anderen Hand wird die Mandibula stabilisiert wie folgt: Der Mittelfinger befindet sich am Mundboden, der Zeigefinger lateral entlang des Mandibulakörpers und der Daumen auf dem Kinn unterhalb der Kinn-Lippen-Furche.

Mittelfinger und Daumen üben einen leichten Druck aus, der sich über die beiden Winkelhalbierenden ausbreitet und flächig über den beiden Kiefergelenken verteilt. Der Zeigefinger liegt nur locker an und kontrolliert von lateral. Die Druckrichtungen dieser Kieferkontrolle können abgeändert und an die verschiedenen Pathologien angepaßt werden:

Kind mit Down-Syndrom: Die klassische Kieferkontrolle ist kontraindiziert, da das Kind auf einen symmetrischen Stimulus auf die Kiefergelenke mit einer Protrusion der Mandibula reagiert, was bei diesen Kindern zu einer Verschlechterung ihrer Pathologie führen würde. Die Druckrichtungen werden daher abgeändert: der Mittelfinger gibt leichten Druck Richtung kranial und der Daumen Richtung dorsal. Der Zeigefinger assistiert nur lateral.

Eine weitere Möglichkeit ist, daß der Mittelfinger am Mundboden Druck Richtung kranial ausübt und so den Kiefer geschlossen hält. Zeigefinger und Daumen werden gespreizt und bilden eine Spange, die über der Mandibula angelegt wird. Es wird ein leichter Druck Richtung dorsal ausgeübt und dann das Gewebe nach kranial verschoben.

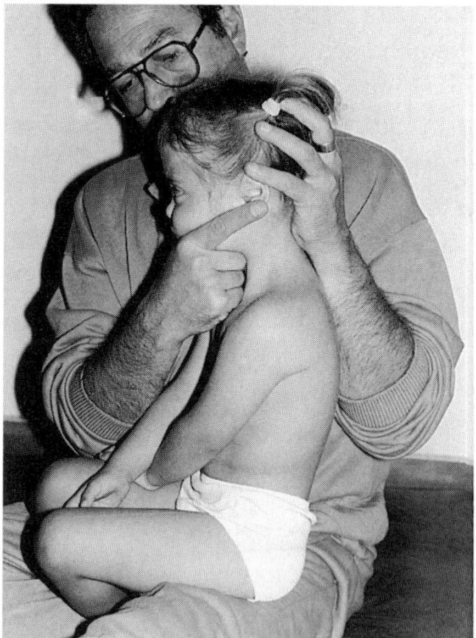

Abb. VI/4: Kieferkontrolle bei einem Kind mit Down-Syndrom.

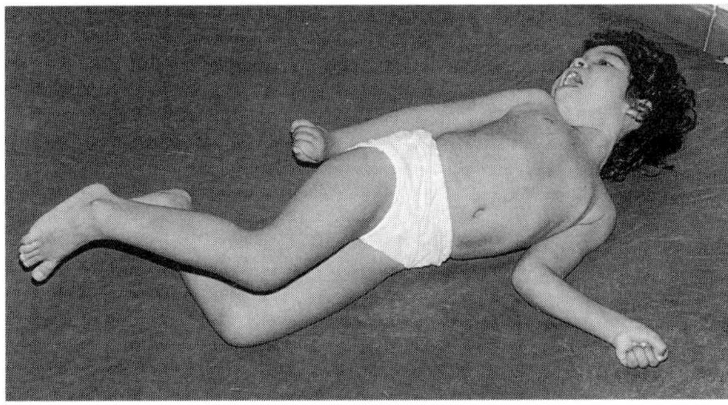

Abb. VI/5: Spontane Lage eines Mädchens mit spastisch-athetotischer Tetraparese.

Kind mit zerebraler Bewegungsstörung und Beißreflex: Die Druckrichtungen sind die der klassischen Kieferkontrolle mit der Veränderung, daß der Mittelfinger am Mundboden eine intermittierende Vibration ausführt mit einem anschließenden Streichen nach kranial/dorsal, um die Muskelgruppen zu aktivieren, die für die Kieferöffnung zuständig sind.
Kind mit zerebraler Bewegungsstörung und Extensionsreflex: Bei dieser Kieferkontrolle ist der Zeigefinger der aktivste Finger. Er führt eine intermittierende Vibration über den Mm. masseter in Richtung kaudal/dorsal aus, um die Unterkieferheber zu aktivieren.

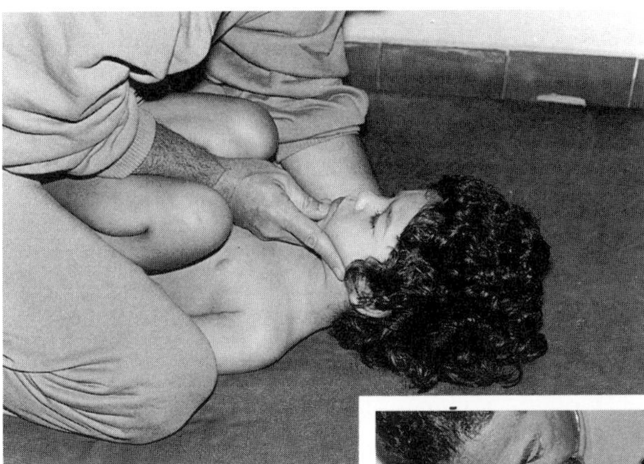

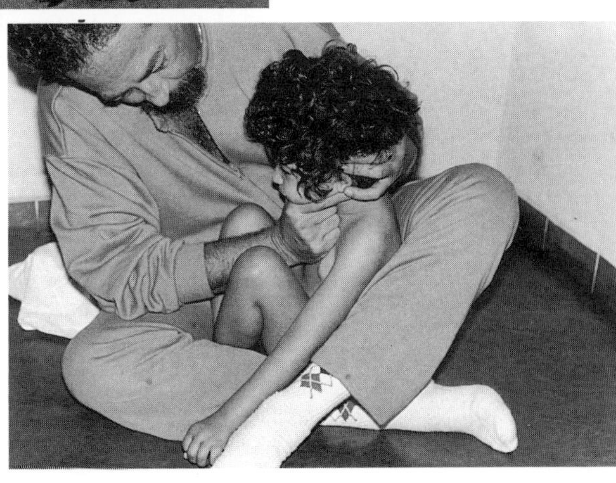

Abb. VI/6/7: Möglichkeiten der Kieferkontrolle beim gleichen Kind.

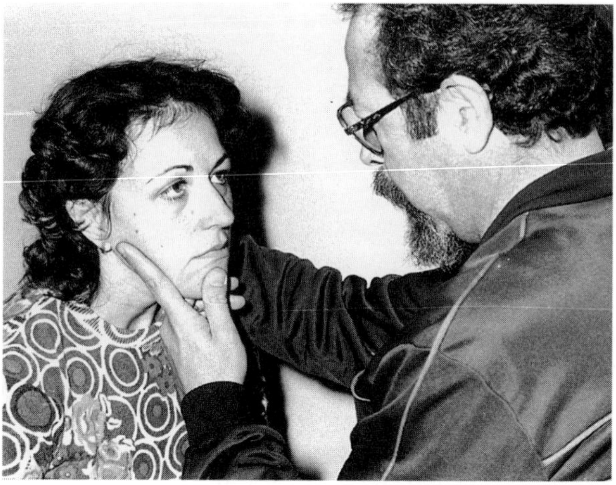

Abb. VI/8:
Kieferkontrolle bei Patientin mit Fazialisparese.

Patient mit Fazialisparese: neben der Kieferkontrolle, die der Therapeut ausübt, wird diesen Patienten eine Möglichkeit der Eigenkontrolle gezeigt. Grundlage ist die klassische Kieferkontrolle. Der aktivste Finger ist der Zeigefinger, der das Gewebe der Wangen anhebt und sie in stärkeren Kontakt mit der Außenseite der Backen- und Mahlzähne bringt, um zu verhindern, daß während des Kauens die Nahrung wegen des insuffizienten Buccinatormechanismus in das Mundvestibulum fällt.
Bei einigen Patienten ist es günstig, die Kopf- und Kieferkontrolle mit einem Sternumdruck zu verbinden.

3. Techniken der Therapie

In der Orofazialen Regulationstherapie verwenden wir die Stimulation der verschiedenen sensorischen Systeme. Luria bestätigt, daß die sensorischen Empfindungen die Hauptquelle unseres Wissens über die Umwelt und unseren eigenen Körper sind. Sie sind die Basiskanäle, über die unser Gehirn Informationen aus der Umwelt oder über den Zustand des Organismus erhält. Der Mensch erhält dadurch die Möglichkeit, sich mit seinem eigenen Körper und in der Umwelt zurechtzufinden. Das Empfinden ist ein aktiver, selektiver Prozeß, der immer motorische Komponenten miteinschließt. Nicht immer manifestieren sie sich als muskuläre Reaktionen, manchmal nur auf vegetativer Ebene.
Die verschiedenen Techniken bei den einzelnen Übungen werden bei der Vorbereitung und Durchführung in unterschiedlicher Kombination angewandt.

BERÜHRUNG: Sie muß angenehm und sicher sein. Wir berühren mit den Fingerspitzen oder der ganzen Handfläche. Mit der Berührung werden vor allem die Rezeptoren der freien Nervenendigungen und die Merkelschen Tastscheiben aktiviert.

STREICHEN: Dies soll fest und langsam sein. Im Regelfall streichen wir vom Punctum fixum eines Muskels entlang seines Verlaufs zum Punctum mobile. Mit dem Streichen werden besonders die Rezeptoren der Haarwurzeln aktiviert. Das Streichen setzt die Haare über der Haut in Bewegung und diese agieren wie kleine Hebelsysteme, die die Nervenendigungen stimulieren. Die Rezeptoren sind nur während des Streichens aktiviert.

ZUG: Es ist ein sanfter, langsamer Zug auf einen einzelnen Muskel, bzw. auf eine synergistische Muskelkette, proximal oder distal des zu stimulierenden Körperteils. Mit dem Zug werden hauptsächlich primäre und sekundäre Rezeptoren aktiviert, die sich in den Muskelspindeln befinden, und Gelenkrezeptoren des Typs I und II.
Die propiozeptiven Empfindungen, die von diesen Rezeptoren ausgehen, sind die afferente Grundlage von Haltung und Bewegung und spielen eine entscheidende Rolle in der Regulierung derselben.

DRUCK: Als erstes muß sehr genau die Stimulationszone bestimmt werden, auf die der Druck in eine bestimmte Richtung ausgeübt wird, angepaßt an die gewünschte Reaktion. Er soll fest sein, darf aber niemals einen Schmerz auslösen. Es werden hauptsächlich die Pacini-Körperchen und die Meißnerschen Tastkörperchen aktiviert, die die Eigenschaft haben, sich schnell an den Stimulus anzupassen. Deshalb wird der Druck normalerweise mit Vibration ausgeführt, um den Reiz aufrecht zu erhalten.

VIBRATION: Es ist die Anwendung eines intermittierenden Drucks, der in der Vorbereitung, beim Stimulieren oder Fazilitieren und hinterher zum Stabilisieren bei den einzelnen Übungen von größter Bedeutung ist. Es werden in erster Linie die Pacini- und Meißnerschen Körperchen aktiviert, die auf intermittierende Veränderungen der Körperoberfläche permanent Impulse weiterleiten. Es wird so die Anpassung an den Reiz verhindert.
Da die Vibration eine der wichtigsten Techniken ist, werden wir etwas ausführlicher die physikalischen Hintergründe und ihre Einflüsse auf den Körper erläutern.
Die manuell ausgeführte Vibration an einem Körperteil breitet sich über den ganzen Körper in Richtung Punctum fixum aus, welches wir stimulieren wollen.

Das Punctum fixum bildet den »Aufprallpunkt«. Die Welle trifft dort auf und läuft reflektorisch wieder zurück zum Ausgangspunkt der Vibration. Der Körper bringt sich in ein neues Gleichgewicht und muß dazu Spannung aufbauen. Vibrieren wir z. B. in intermittierender Art und Weise von den Schulterblättern Richtung Handflächen, die auf dem Boden aufgestützt sind, die Ellbogen leicht gebeugt, so spüren wir unter unseren Händen sofort eine Haltungsanpassung der verschiedenen Elemente, die den Schultergürtel bilden. Es ist häufig zu beobachten, daß dieses Phänomen bei hypotonen Kindern nicht, oder nur vermindert, vorhanden ist. Dies ist der Grund, warum wir in unseren Therapien (der Neuromotorischen Entwicklungstherapie und der Orofazialen Regulationstherapie) von Anfang an viel mit Vibration gearbeitet haben, durch die die besten Erfolge zu erzielen sind.
Es gibt zwei verschiedene Arten und Wirkungsweisen der Vibration:

– Wird sie regelmäßig und langanhaltend durchgeführt, bewirkt sie ein Senken des Muskeltonus;
– Wird sie intermittierend mit variablen Pausen und kurzzeitig durchgeführt, erreicht man eine Steigerung des Muskeltonus.

Einige bei der Vibration zu beachtende Faktoren sind:

– Die zu stimulierenden Elemente müssen korrekt in einer Linie zueinander stehen;
– Der Stimulus muß in eine genaue Richtung erfolgen, die vorher bestimmt wurde.
– Die Vibration muß immer einen stabilen Aufprallpunkt, ein Punctum fixum, haben, damit die rückläufige Welle zum Ausgangspunkt der Vibration erfolgen kann;
– Die Intensität und Art und Weise der Vibration muß an die Bedürfnisse des Patienten und die jeweilige Pathologie angepaßt werden.

Um die Physik der Vibration der Körper besser zu verstehen, können wir uns eine Vibrationswelle vorstellen, die sich entlang einer gespannten Saite ausbreitet. Die Vibration geht aus von Punkt »a« und läuft über die Saite zu Punkt »b«; dort prallt die Vibration zurück und breitet sich entgegengesetzt aus. Die Form und Geschwindigkeit der Welle hängt vom Material und umgebenden Gewebe ab. Würde die Welle keinen Aufprallpunkt »b« finden, würde sie sich auch über die Saite fortpflanzen, sich jedoch am Ende im Raum verlieren, ohne eine rückläufige Welle zu bilden.
Wir weisen nochmals darauf hin, daß mit der Vibration in diesen beiden Therapien die besten Erfolge zu erzielen sind.

VII. Die Orofaziale Regulationstherapie

Voraussetzung für die Anwendung der Orofazialen Regulationstherapie ist eine geeignete Körperhaltung. Besonders wichtig ist, daß wir mit unserer Arbeit nie eine vorliegende Pathologie verstärken dürfen. Es ist unmöglich, alle idealen Körperhaltungen – angepaßt für jeden Patienten und seine Pathologien – zu beschreiben. Daher beschränken wir uns auf die Darstellung der Vorbereitung des orofazialen Komplexes: muskulär, artikulär und sensoperzeptuell.

1. Vorbereitende Maßnahmen

Wir beginnen immer mit dem Auflösen von bestehenden Kompensationen und der Tonusregulierung. Es ist zu beachten, daß in vielen Fällen Kompensationen eine funktionelle Notwendigkeit für das Kind darstellen, andererseits können sie jedoch bei längerem Bestehenbleiben die Pathologie verstärken. Wichtig ist, daß der Therapeut das Hauptproblem des Kindes herausfindet und daraufhin ein kleines Behandlungsprogramm festlegt, welches sich sofort der Vorbereitung anschließt. Auf diese Weise kann der Patient, frei von Kompensationen, normale Bewegungsmuster seiner orofazialen Funktionen spüren und wahrnehmen. Bei verschiedenen Pathologien erscheint es uns manchmal unmöglich, alle Kompensationen aufzulösen, wir können sie nur verringern.

Techniken, die wir in der Vorbereitung anwenden:
- Berührung,
- Streichen,
- Druck,
- Zug und
- Vibration.

Modellieren nennen wir das Vorbereiten verschiedener Muskelgruppen, in erster Linie der mimischen Muskulatur. Dies erfordert Geschicklichkeit und Gespür von seiten des Therapeuten sowie ein exaktes Wissen über die einzelnen Muskelaktivitäten. So kann der Therapeut mit seinen Händen die verschiedenen Muskelsynergien fazilitieren.

Der Ablauf des Modellierens

Wir beginnen mit einer tiefen Mobilisation der Kopfhaut mit den Fingerkuppen und verschieben die Galea aponeurotica über dem darunterliegenden elastischen Zellgewebe. Zuerst werden zirkuläre Bewegungen und über den Mm. occipitalis und frontalis auch vorsichtige, langsame Dehnungen durchgeführt, indem das Punctum mobile des Muskels vom Punctum fixum entfernt wird.

Die frontookzipitale Muskulatur ist bei vielen Patienten sehr rigide und im Tonus erhöht.

Danach mobilisieren wir
- die Mm. temporalis und masseter;
  (Die Durchführung hängt davon ab, ob die Unterkieferheber hypo- oder hyperton sind.)
- den M. orbicularis oculi: die oberen und unteren Fasern entlang des Muskelverlaufs vom inneren Augenwinkel nach lateral;
- die paranasale Muskulatur: die Mm. levator labii superioris und levator labii superioris alaeque nasi in zephalokaudaler Richtung.

Der M. orbicularis oris erfährt eine ganz spezifische Vorbereitung wegen seines ungewöhnlichen Aufbaus. Er ist bei fast allen orofazialen Pathologien betroffen. Es werden sowohl die labialen wie auch die marginalen Fasern beachtet. Die marginalen Fasern der Oberlippe werden vor allem mit Druck und Vibration vorbereitet, da diese Fasern synergistisch mit den Oberlippenhebern arbeiten und so die Oberlippe nach oben ziehen. Dies führt zu Problemen bei Patienten mit zerebralen Bewegungsstörungen oder Hypotoniesyndromen mit hypoaktiver Oberlippe. Die Oberlippe erfüllt nicht ihre Funktion, bleibt in einer hochgezogenen Haltung und beteiligt sich z. B.

nicht beim Essen. In diesen Fällen müssen wir sehr vorsichtig vorbereiten, um pathologische Reaktionen zu vermeiden.

Wir halten uns sehr lange mit der Vorbereitung der marginalen Fasern auf, da uns die Erfahrung gezeigt hat, daß ein Stretch der Oberlippe in Richtung kaudal, ohne Vorbereitung der marginalen Fasern, zu einer unerwünschten Reaktion führt.

Die Unterlippe wird aufgrund der engen Zusammenarbeit bei verschiedenen Muskelsynergien zusammen mit den Mm. mentalis, depressor anguli oris und depressor labii inferioris vorbereitet.

Wir schließen mit Druck und Vibration auf beide Lippen, um die nachfolgende Reaktion zu verbessern.

Mobilisation der Wangen: es werden beide Hände flächig auf die Wangen gelegt, entlang der Winkelhalbierenden der Winkel Alpha und Beta. Es wird symmetrisch und asymmetrisch in Richtung Kinn gearbeitet, hauptsächlich mit Druck, Zug und Vibration.

Mobilisation des Mundbodens: während des Arbeitens am Mundboden ist es wichtig, einen guten Lippenschluß zu behalten. Wir arbeiten mit kontinuierlicher oder intermittierender Vibration und mit Streichen.

Dem Modellieren folgt eine globale Vibration, die sich über das ganze Gesicht ausbreitet. Die Vibration bewirkt einerseits eine Regulierung des Muskeltonus, andererseits fördert sie die Propriozeptivität dadurch, daß die Vibrationswelle in einer korrekten Ausgangsstellung vom Körper wahrgenommen werden kann.

Sie wird durchgeführt, indem die eine Hand flächig an der Kinnzone und die andere Hand an der Scheitel- bzw. Stirnzone angelegt wird. Beide Hände vibrieren gleichzeitig. Dies wird solange durchgeführt, bis die mimische Muskulatur im Tonus reguliert ist. Die Zeit für die Vorbereitung hängt von jedem einzelnen Patienten und den verschiedenen Pathologien ab. Jetzt ist der Patient vorbereitet für die Stimulation mit verschiedenen, für ihn ausgewählten Übungen. Stellt der Therapeut fest, daß der Tonus während der Übungen wieder in den pathologischen Bereich abweicht, geht er zur Vorbereitung zurück. Besondere Vorsicht ist angezeigt bei Kindern mit zerebralen Bewegungsstörungen. Die Vorbereitung muß gründlich und die pathologischen Haltungsmuster des Kindes müssen am ganzen Körper inhibiert sein. Bei zu schnellem Arbeiten oder mit zuviel Krafteinsatz werden häufig unerwünschte assoziierte Reaktionen ausgelöst und der zuvor erhaltene funktionelle Tonus geht verloren.

Säuglinge und Kinder unter einem Jahr sind während der Behandlung meist auf dem Schoß der Mutter. Die Mutter sitzt im Langsitz auf dem Boden, das Kind liegt in Rückenlage auf ihren Beinen, der Kopf ist in leichter Flexionshaltung mit dem Hinterkopf am Bauch der Mutter abgestützt. Die Mutter legt ihre Hände flächig unter die Schultern des Kindes, nahe an die Wirbelsäule, die Schulterblätter des Kindes ruhen auf ihren Unterarmen. So werden die Schultern, Arme und Hände des Kindes etwas der Mittellinie angenähert. Jetzt führt die Mutter abwechselnde, alternierende Flexions-Extensionsbewegungen mit den Knien durch, wodurch es zu Rotationsbewegungen in der Wirbelsäule des Kindes kommt, das Kind ruhig und der Tonus reguliert bleibt. In dieser Haltung kann der Therapeut frei arbeiten.

2. *Übungsbehandlung*

2.1 *Basisübung*

Ausgangsstellung: Der Patient befindet sich in Rückenlage, die Arme liegen locker am Körper, die Wirbelsäule ist in ihre physiologischen Schwingungen eingeordnet, die Beine sind leicht gebeugt mit einer Rolle unter beiden Knien, um die Bauchmuskulatur zu entspannen.
Es kann auf einer Behandlungsbank gearbeitet werden; der Therapeut steht am Kopfende des Patienten und hält den Kopf, der sich außerhalb der Behandlungsbank befindet.
Als weitere Möglichkeit kann auch auf einer Matte gearbeitet werden; der Therapeut im Grätschsitz am Kopfende des Patienten, der Kopf des Patienten befindet sich zwischen dessen Beinen.
Der Therapeut kreuzt seine Finger und legt die ineinander verschlungenen Hände flächig an der Hinterhauptzone an. Der Kopf des Patienten ruht in den Händen des Therapeuten und es werden Flexions-, Extensions-, Lateral- und Rotationsbewegungen ausgeführt, um die gesamte Hals- und Nackenmuskulatur zu entspannen.
Danach wird der Griff geändert. Eine Hand umfaßt flächig die Okzipitalzone, mit Daumen und Zeigefinger an den beiden Mastoidfortsätzen. Die andere Hand umschließt locker das Kinn, die Handfläche übt einen leichten Druck auf das Kinn aus in Richtung Kiefergelenke.
Der Kopf ist in Mittelstellung. Mit beiden Händen wird ein leichter Zug nach kranial ausgeübt, der Kopf wird zuerst in Extension gebracht, um eine

zervikale Hyperlordose zu erzeugen, und wird danach in Flexion und Rotation zur Kinnhand des Therapeuten geführt, so daß sich das Kinn des Patienten in der Nähe seiner Schulter befindet.
Jetzt wird mit der Hinterhaupthand der Nacken unter maximal möglichen Stretch versetzt und der Patient wird, wenn er den verbalen Auftrag versteht, zum Schlucken aufgefordert. Kann der Patient nicht schlucken, oder versteht er den Auftrag nicht, so wird ein Streichen am Mundboden durchgeführt, mit leichtem Druck und Vibration in Richtung dorsal/kranial. Auch bei Säuglingen oder sehr schwer geistig behinderten Kindern und Erwachsenen kann mit dem Streichen und Vibration ein Schlucken ausgelöst werden. Bei kleinen Kindern wird das Schlucken zusätzlich fazilitiert, wenn man einige Tropfen einer wohlschmeckenden Flüssigkeit auf die Zungenspitze oder in das Mundvestibulum gibt.
Nach dem Schlucken wird der Kopf des Patienten in Flexion wieder zurück zur Mittellinie gedreht und in dieser Flexionshaltung nochmals der Auftrag zum Schlucken gegeben.
Danach wird der Kopf in die Ausgangsstellung zurückgeführt und die Übung zur anderen Seite genauso durchgeführt.

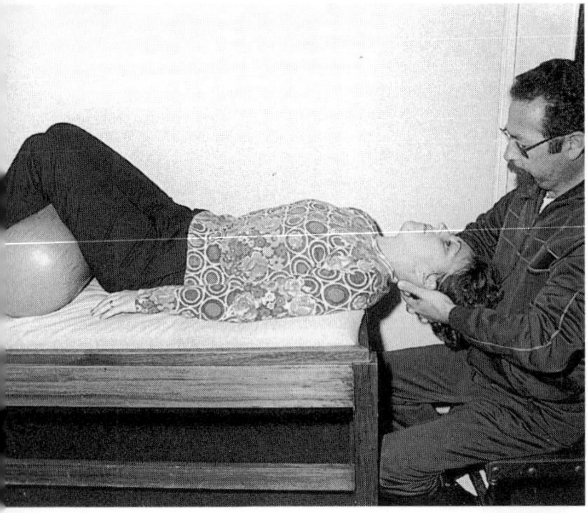

Abb. VII/1 bis 9: Durchführung der Basisübung.

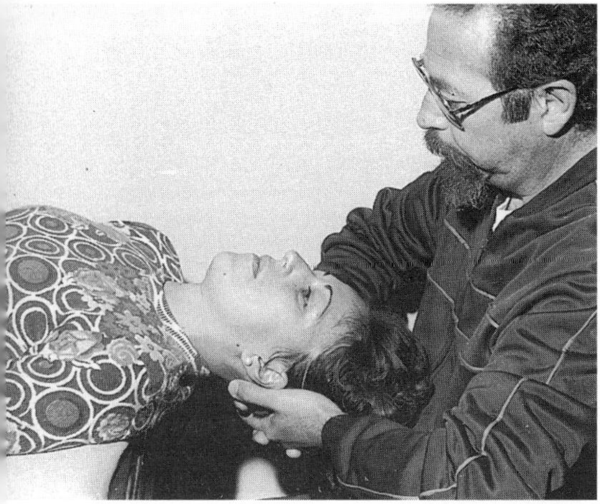

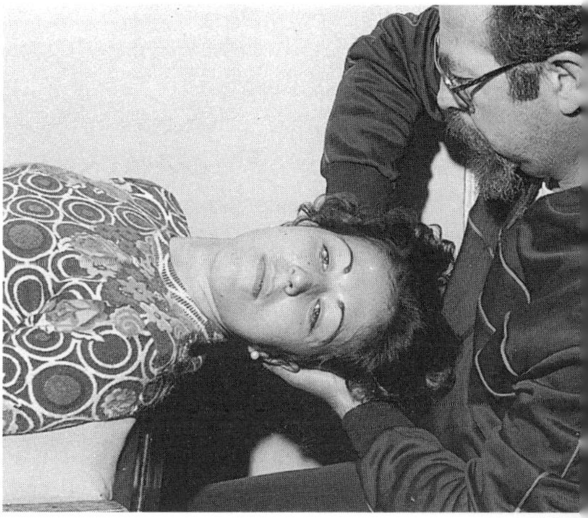

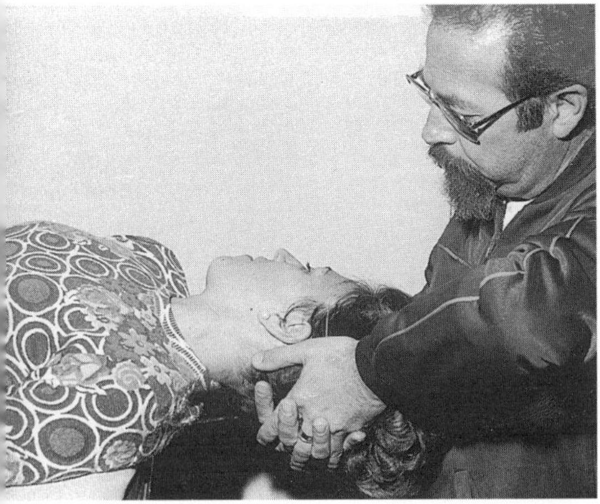

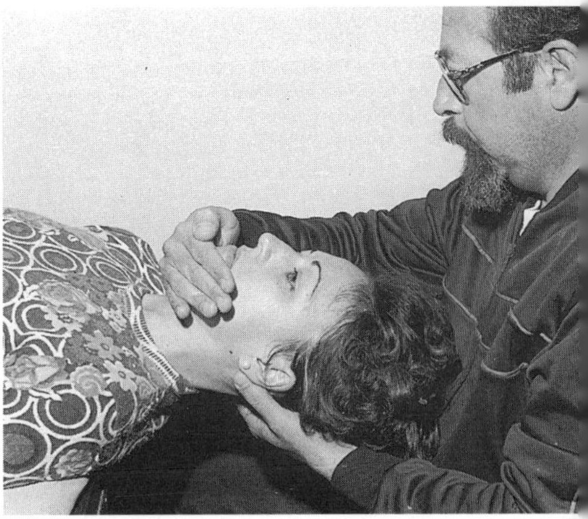

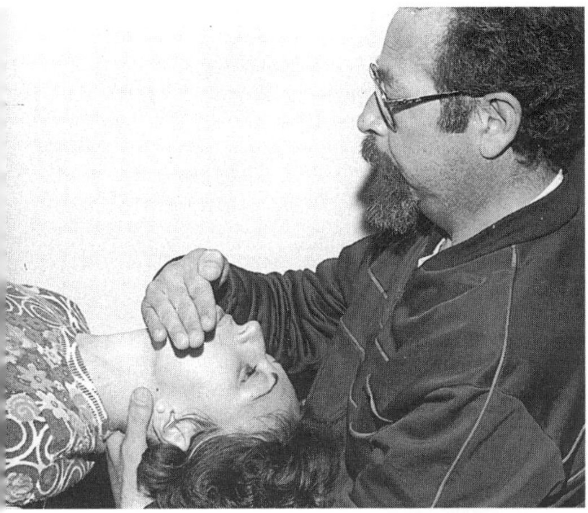

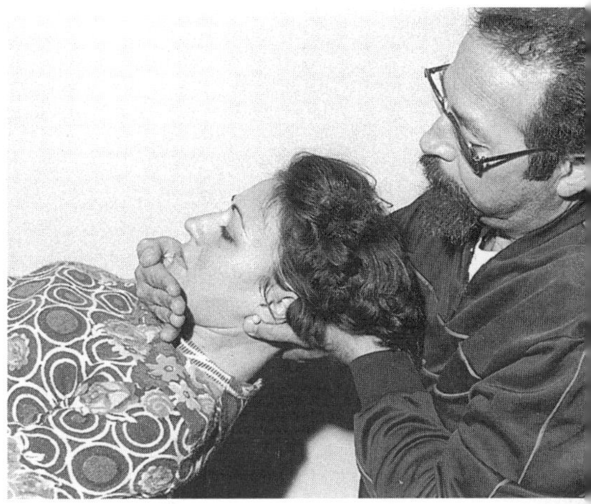

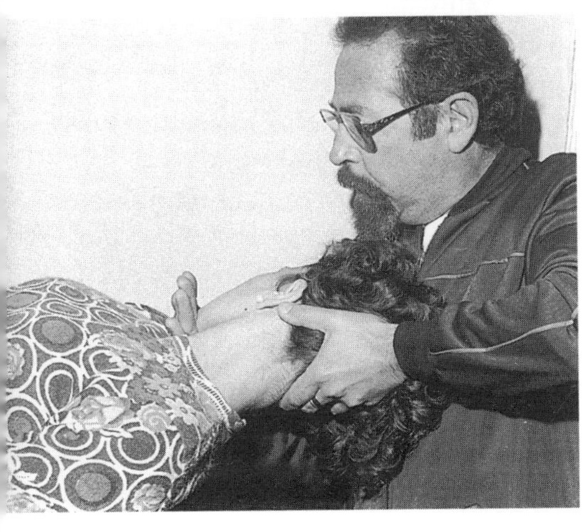

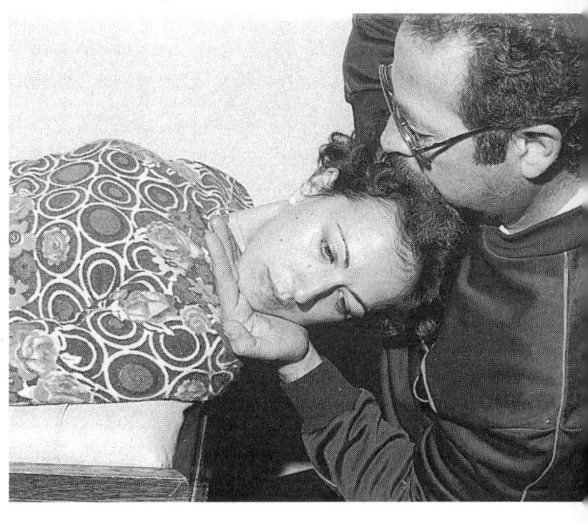

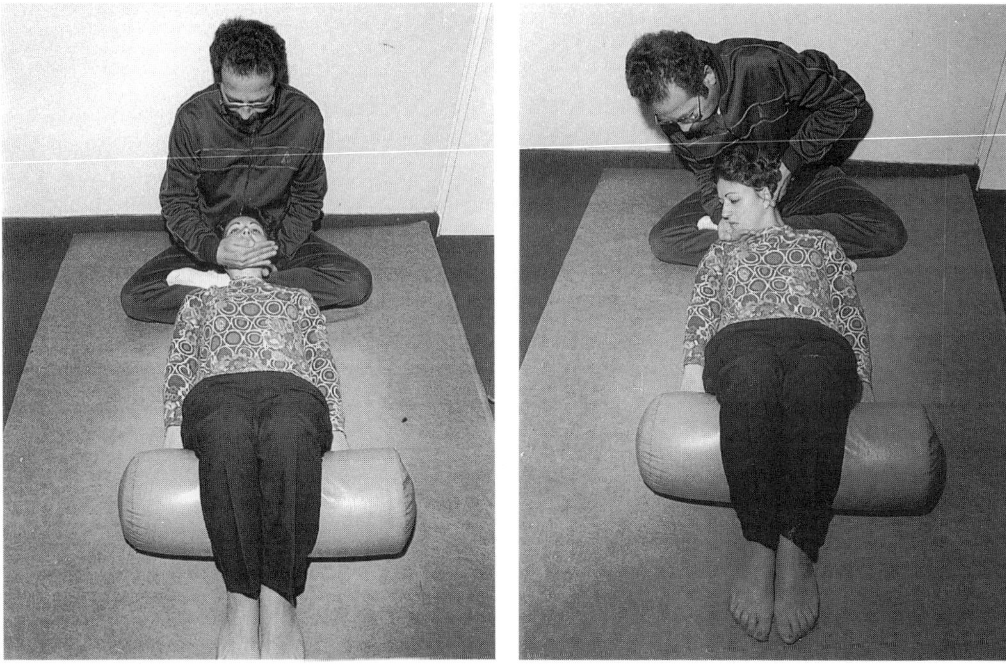

Abb. VII/10/11: Basisübung auf der Matte.

Reaktion

Bei der Beschreibung der Reaktionen auf die Übungen werden jeweils einzelne Muskeln und Muskelketten aufgezählt, mit der Aktivität, für die sie verantwortlich sind. Dabei ist jedoch zu beachten, daß kein einzelner Muskel für eine Bewegungskomponente allein verantwortlich ist.

Mit den anfänglichen Kopfbewegungen erreichen wir eine Normalisierung des Muskeltonus und eine darauffolgende Anspannungsbereitschaft. Mit der Extension des Kopfes wird eine Dehnung der vorderen Halsmuskulatur bewirkt. Wichtig hierbei ist hauptsächlich die Vordehnung der oberen und unteren Zungenbeinmuskeln, die damit vorbereitet werden, das Zungenbein während des Schluckens zu stabilisieren.

Das Schlucken wird ausgelöst durch:

– eine Anspannung der gesamten Weichteile um die Mundhöhle, Elevation des Mundbodens und indirekterweise der Zunge durch die Anspannung des M. mylohyoideus, Anspannung der Wangen und Lippen durch die Kontraktion der Muskeln des Buccinatormechanismus und zuletzt eine

Spannungserhöhung im Gaumensegel durch die Dehnung der Mm. tensor und levator veli palatini. Alle diese Faktoren bewirken eine Zunahme des intraoralen negativen Druckes.

– Die Kontraktion des M. mylohyoideus, mit Punctum fixum an der Linea mylohyoidea der Mandibula zieht das Zungenbein nach vorne/oben. Zugleich erfolgt die Muskelkettenaktion, die die Zunge nach hinten/oben zieht. Sie beginnt mit der Kontraktion des M. longitudinalis superior, anschließend des M. palatoglossus und zuletzt des M. styloglossus mit Punctum fixum am Processus styloideus.

2.2 *Variationen der Basisübung*

VARIATION I

In Rückenlage mit nicht fixiertem Schultergürtel

Ausgangsstellung: Patient in Rückenlage auf einer Matte (Stellung von Therapeut und Patient s. Basisübung).
Es erfolgt der gleiche Ablauf wie bei der Basisübung bis zum Nackenstretch. In dieser Position beugt sich der Therapeut über den Patienten und fixiert mit seinem Bauch dessen Kopf, so daß er seine beiden Hände frei hat.
Zeige- und Mittelfinger werden nun seitlich über der Linea obliqua externa des Unterkiefers angelegt, an der die Mm. depressor labii inferior, depressor anguli oris und das Platysma ansetzen.
Es wird Druck und Vibration in die Richtung ausgeführt, in die der Kopf gedreht ist. Die Zahnreihen sollen leicht voneinander entfernt sein, die Lippen in passivem Kontakt. Mit dem Druck, den Zeige- und Mittelfinger ausüben, wird die Mandibula etwas in die Druckrichtung verschoben.
Jetzt bekommt der Patient den Auftrag, den Kopf gegen den Widerstand von Zeige- und Mittelfinger in Richtung Mitte zu drehen. Der Therapeut spürt die Lateralverschiebung der Mandibula gegen seine Finger. Der Kopf soll nur ansatzweise gedreht werden, nicht bis ganz zur Mitte zurück.
Es werden abwechselnd beide Seiten stimuliert, die Durchführung hängt von den gewünschten Zielen ab.

Reaktion

– Lateralisation der Mandibula zur stimulierten Seite hin, durch Kontraktion des M. pterygoideus lateralis der Gegenseite mit Punctum fixum am Processus pterygoideus.

- Lateralisation der Zunge Richtung Stimulus durch die Kontraktion des M. genioglossus der Gegenseite mit Punctum fixum an der Spina mentalis. Zungenrotation um die eigene Achse mit Elevation der Zungenhälfte der stimulierten Seite; die Zunge legt sich an dieser Seite an der Innenfläche der oberen Zahnreihe an durch die gleichzeitige Kontraktion des M. styloglossus auf der Stimulationsseite, mit Puctum fixum am Processus styloideus.
- Kopfrotation in Flexionshaltung (Atlas über Axis) durch die Anspannung des M. sternocleidomastoideus der Gegenseite.
- Aktivierung des Gaumensegels durch eine Spannungszunahme der Mm. tensor und levator veli palatini sowie des M. palatoglossus. Die Kontraktion ist stärker auf der Stimulationsseite.
- Konjugierendes Verschieben beider Augen zum Stimulus durch die Kontraktion des M. rectus lateralis des Auges auf der Stimulationsseite und der des M. rectus medialis des anderen Auges.
- Depression des Mundwinkels auf der stimulierten Seite durch die Aktivierung des M. depressor anguli oris, wenn die stimulierenden Finger vorher von der Linea obliqua Richtung dorsal/kranial verschoben wurden. Das Gewebe kann auch von der Linea obliqua Richtung kaudal/ventral verschoben werden, die Reaktion ist daraufhin eine Kontraktion der Mm. levator anguli oris und zygomaticus major und minor.

In Rückenlage mit fixiertem Schultergürtel

Ausgangsstellung: Die Einleitung erfolgt wie bei den vorhergehenden Übungen. Die Arme des Patienten liegen in Abduktion zwischen 45 und 90 Grad, die Ellbogen sind gestreckt, die Unterarme proniert. Wichtig ist, daß der Schultergürtel entspannt ist und beide Schulterblätter gut auf dem Boden aufliegen.

Der Therapeut legt seine Oberschenkel auf je eine Schulter des Patienten und übt einen asymmetrischen oder symmetrischen intermittierenden Druck damit aus.

Die Übung hat jetzt den gleichen Ablauf wie in der vorhergehenden Übung beschrieben. Während der Stimulation mit Zeigefinger und Mittelfinger wird der Druck mit dem Oberschenkel auf der Schulter der Hinterhauptseite verstärkt, um den Nackenstretch zu erhöhen, auf der anderen Seite hingegen verringert.

→
Abb. VII/12 bis 15: Variation I der Basisübung.

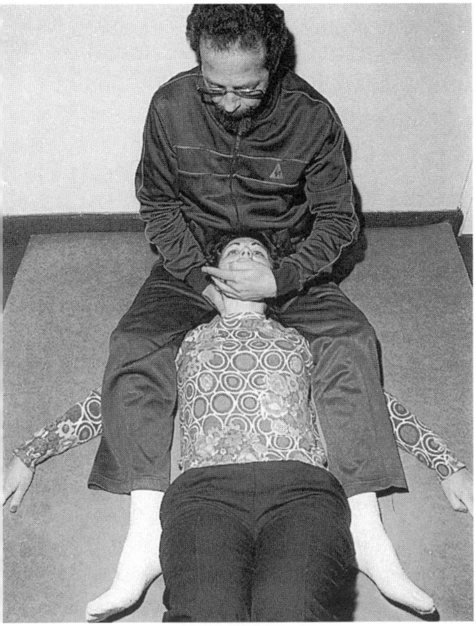

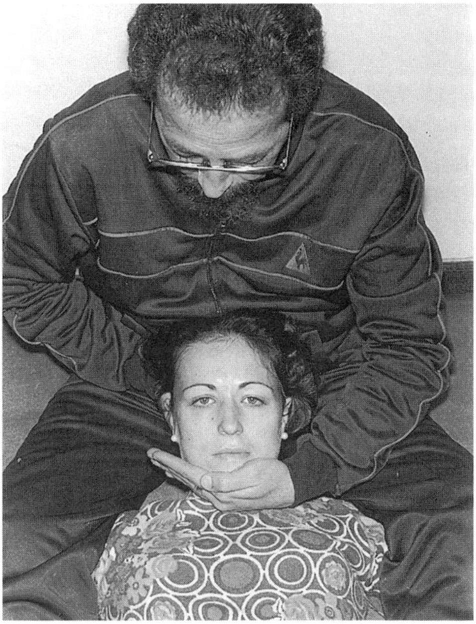

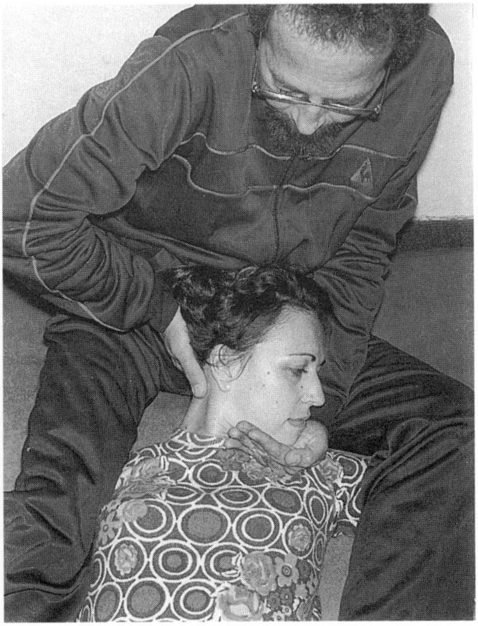

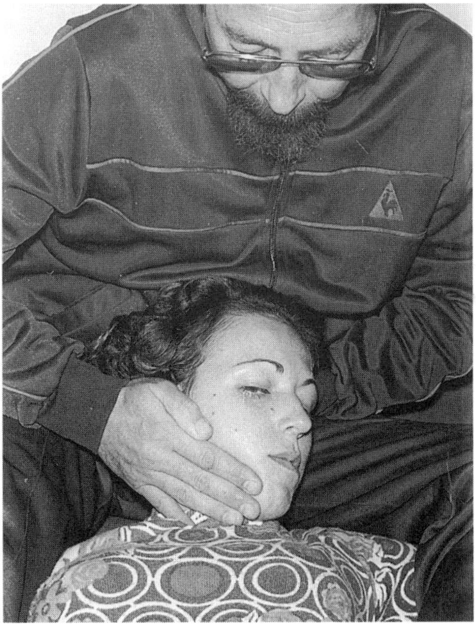

Reaktion

S. vorhergehende Übung. Bei dieser Variation wird der Stretch und die nachfolgende Kontraktion des M. omohyoideus verstärkt, was zu einer besseren Stabilisierung des Zungenbeins beim Schlucken führt.

In Rückenlage auf einer Behandlungsbank mit dem Kopf außerhalb derselben

Der Vorteil dieser Variation liegt in der Ausgangsstellung. Der Bewegungsradius des Kopfes in die Extension ist größer, was einen stärkeren Stretch auf die obere und untere Zungenbeinmuskulatur zuläßt und so die nachfolgende Kontraktion effektiver werden läßt.

Im Sitzen mit Kontrolle an der parietal-okzipitalen Zone

Ausgangsstellung: Der Therapeut im Schneidersitz. Das Kind sitzt seitlich über dessen einem Oberschenkel, die Sitzbeine gut unterstützt. Der andere Oberschenkel bietet eine Rückenlehne für das Kind. Ein Erwachsener kann auf dem Boden bzw. auf einem Stuhl sitzend behandelt werden. Die Wirbelsäule ist aufgerichtet, Becken und Schultergürtel stehen übereinander. Auf diese Weise wird auch die Kopfkontrolle unterstützt.
Eine Hand des Therapeuten liegt an der Hinterhauptzone, die andere am Kinn. Es werden wieder alle Kopfbewegungen durchgeführt, dann ein leichter Zug Richtung kranial, danach der Kopf in Extension, Flexion, Rotation bewegt.
Griffwechsel: Der Daumen wird lateral an der Mandibula angelegt, die anderen vier Finger werden mit ihrer Innenseite auf der Schulter, zu der das Gesicht gedreht ist, aufgelegt, und üben einen leichten Druck nach unten aus.
Zeige- und Mittelfinger der anderen Hand des Therapeuten werden an der parietal-okzipitalen Zone der gegenüberliegenden Seite angelegt.
Beide Hände stimulieren gleichzeitig mit Druck und Vibration. Die Kräfte wirken sich entgegen. Der Daumen stimuliert in Richtung der Rotation nach dorsal/kranial, der Zeige- und Mittelfinger entgegengesetzt der Rotation des Kopfes nach ventral/kranial.
Wenn der Patient Aufträge verstehen kann, so wird er aufgefordert, den Kopf gegen den gegebenen Widerstand zu drehen, wenn nicht, wird die Vibration verstärkt, auf die automatisch ein Gegenspannen erfolgt.

Reaktion

– Lateralisation der Mandibula zum Stimulus an der Mandibula hin,
– Lateralisation der Augen zum Stimulus hin,
– Lateralisation der Zunge zum Stimulus,
– Aktivierung des Gaumensegels.

Diese Variation hat den Vorteil, die Rumpf- und Kopfkontrolle und die Aufrichtung gegen die Schwerkraft zu fördern, die für eine korrekte Mandibula- und Zungenhaltung notwendig sind.

Im Sitzen mit Kontrolle an der Okzipitalzone

Ausgangsstellung: S. vorhergehende Übung.
Kein Griffwechsel, sondern die stimulierende Hand verstärkt den Zug am Hinterhaupt Richtung kranial und legt den Unterarm entlang der Wirbelsäule an, um die Aufrichtung zu fazilitieren.
Der Daumen der anderen Hand stimuliert wie bei der vorhergehenden Übung bereits beschrieben.

Reaktion

S. vorhergehende Übung. Der Vorteil dieser Handhaltung ist, daß der Kopf besser geführt und die Aufrichtung von Rumpf und Kopf besser unterstützt werden können.

Abb. VII/16 a/b: Variation I der Basisübung im Sitzen mit Kontrolle an der Okzipitalzone.

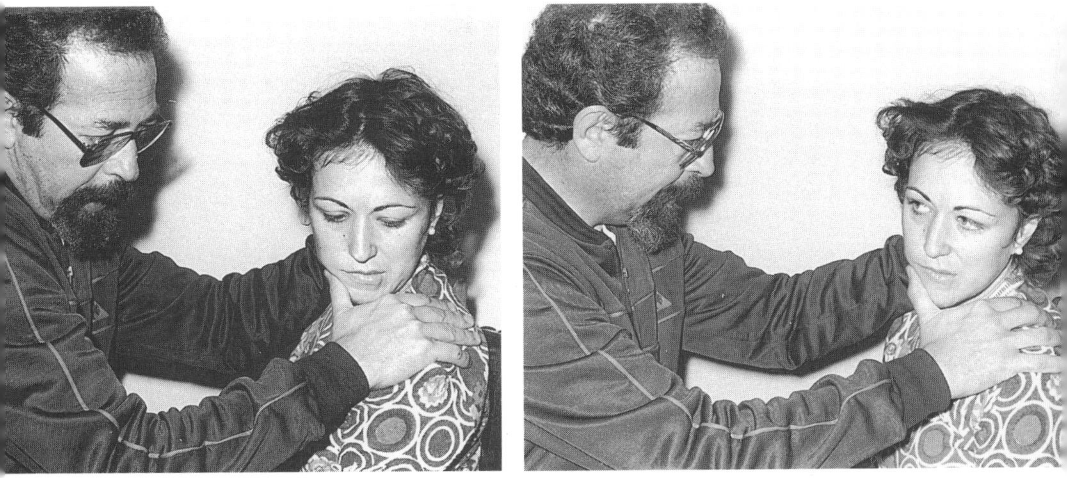

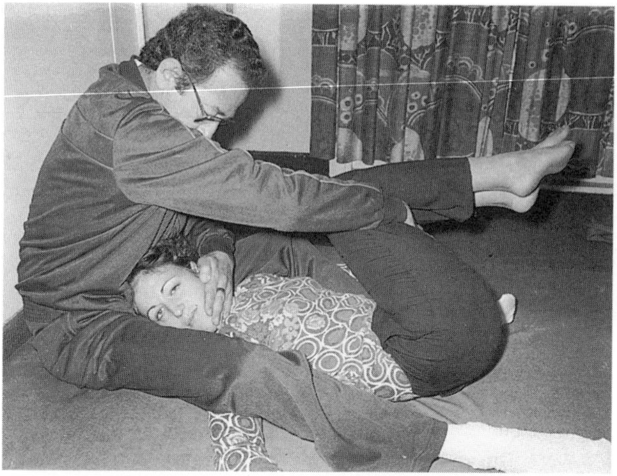

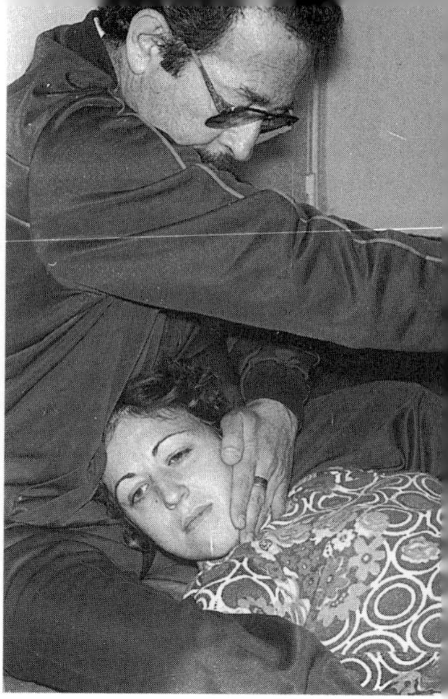

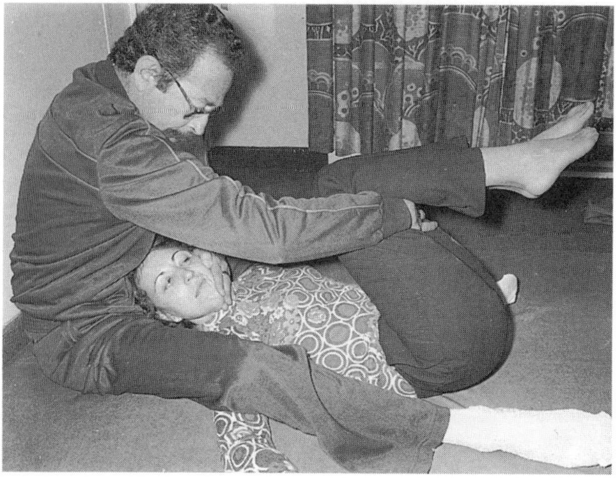

Abb. VII/17 bis 19: Variation II der Basisübung.

VARIATION II

Ausgangsstellung: s. S. 134.
Ist die Ausgangsposition erreicht, werden die Beine an den Bauch gebeugt: wenn es sich um ein kleines Kind handelt, werden mit einer Hand beide Femurkondylen umfaßt, mit dem Zeigefinger zwischen den beiden Knien. Einen Erwachsenen bitten wir, die Beine am Bauch zu halten. Wir geben

Widerstand an der Seite des Femurkondylus, zu der der Kopf gedreht ist, in Richtung gegenüberliegendes Hüftgelenk. Es wird ein diagonaler Stretch auf die gesamte ventrale und dorsale Rumpfmuskulatur erzeugt. Der Patient bekommt den Auftrag, gegen die beiden Widerstände an Mandibula und Femurkondylen zu spannen. Der Säugling reagiert reflektorisch.

Reaktion

Zusätzlich zu den Reaktionen, die auf S. 133/34 beschrieben sind, werden
- die Mm. rectus abdominis, obliquus externus abdominis, obliquus internus abdominis, transversus abdominis, quadratus lumborum und die Rotatoren der Wirbelsäule aktiviert;
- eine Rotation zwischen Schulter- und Beckengürtel erzeugt;
- ein Impuls der Eingeweide auf das Diaphragma gegeben;
- die Atembewegungen intensiviert;
- die Exspiration verstärkt und der Phonationsmechanismus verbessert.

Wichtig: Alle Übungen werden immer zu beiden Seiten ausgeführt.

2.3 *Übung zum Vorverlagern der Mandibula*

Ausgangsstellung: Der Therapeut im Schneidersitz, das Kind sitzt über einem Oberschenkel, die Sitzbeine gut aufgestützt, das andere Bein dient dem Kind als Unterstützung am Rücken. Bei Erwachsenen wird die Übung im Sitz auf dem Boden oder auf dem Stuhl durchgeführt. Ideal ist es, wenn die Unterarme vorne aufgestützt werden.
Eine Hand des Therapeuten ist an der Hinterhauptzone und übt einen intermittierenden Zug nach kranial aus, der Kopf ist in leichter Reklinationshaltung. Dies fazilitiert schon das Verlagern der Mandibula nach vorne. Der Unterarm dieser Hand liegt entlang der Wirbelsäule, wodurch die Aufrichtung des Rumpfes unterstützt wird.
Bei der anderen Hand werden Zeige- und Mittelfinger voneinander abgespreizt und bilden ein V. Die Innenflächen dieser beiden Finger werden an den Weichteilen entlang des gesamten Innenrandes der Mandibula angelegt, die Fingerspitzen reichen bis zum Kieferwinkel.
Der Daumen befindet sich auf der Kinn-Lippen-Furche und hält während der Übung die Lippen geschlossen. Dabei wird zugleich die Nasenatmung kontrolliert.

Stimulation

Zuerst wird ein Druck verbunden mit Vibration in Richtung kranial durchgeführt. Damit werden die Unterkieferheber entspannt, das Zungenbein und der Kehlkopf heben sich durch die Aktivierung der oberen und unteren Zungenbeinmuskeln. Außerdem heben sich die Zungenwurzel und der Mundboden.
Danach wird bei leicht geöffnetem Kiefer die Mandibula mit den zwei flächig angelegten Fingern mit Vibration nach vorne gezogen. Der Kopf wird passiv zu beiden Seiten rotiert, wieder in die Ausgangsstellung gebracht und die Übung wiederholt.

Reaktion

- Vorverlagern der Mandibula durch die symmetrische Kontraktion der Mm. pterygoidei laterales, mit Punctum fixum am Processus pterygoideus.

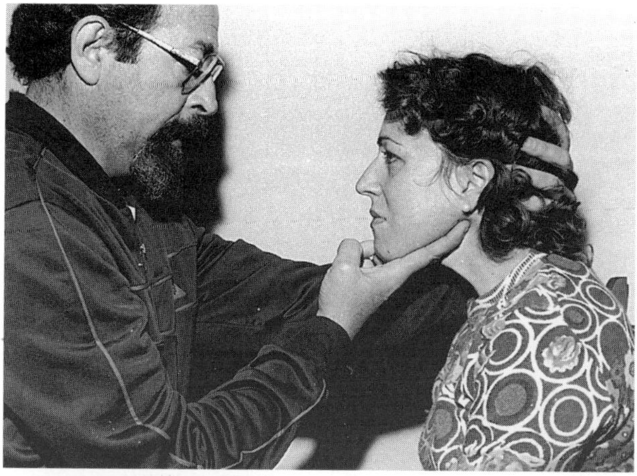

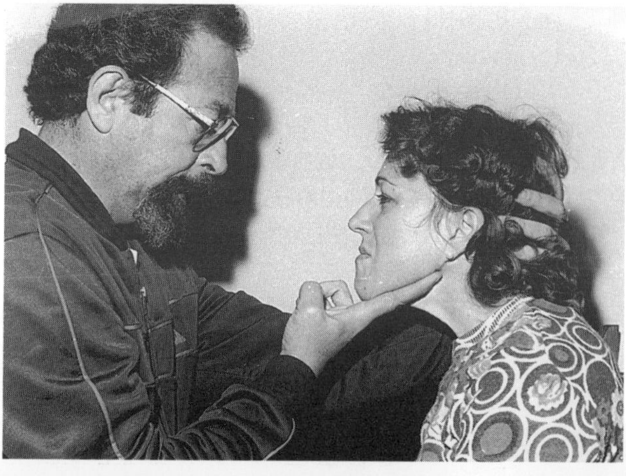

Abb. VII/20 a/b: Vorverlagern der Mandibula.

2.4 Übung für die aktive Kieferöffnung, Aktivieren der oberen und unteren Zungenbeinmuskulatur

Ausgangsstellung: Der Therapeut sitzt auf der Matte im Grätschsitz. Das Kind bzw. der Erwachsene liegt in Rückenlage mit seinem Kopf zwischen den Beinen des Therapeuten. Die Arme des Patienten liegen in 45 bis 90 Grad Abduktion.
Die Übung kann durchgeführt werden mit fixiertem oder nicht fixiertem Schultergürtel. Bei fixiertem Schultergürtel legt der Therapeut wieder seine Oberschenkel auf je eine Schulter des Patienten und übt intermittierenden Druck zur Tonusregulierung aus.
Eine Hand befindet sich am Hinterhaupt, Daumen und Zeigefinger an den Mastoidfortsätzen, die andere Hand am Kinn.
Es wird intermittierender Zug durchgeführt in Neutralstellung des Kopfes; danach wird der Kopf zur Vordehnung der gesamten Muskelkette der oberen und unteren Zungenbeinmuskulatur in Extension gebracht.

Stimulation

Griffwechsel: Die Hand, die am Hinterhaupt war, wird flächig auf die Sternumzone aufgelegt und übt einen Druck und Vibration nach dorsal/kaudal aus. Die andere Hand gibt mit der Handfläche einen leichten Druck mit Vibration auf das Kinn, Richtung Kiefergelenke.
Der Patient bekommt den Auftrag, das Kinn gegen leichten Widerstand Richtung Sternum zu flektieren, ohne den Kopf abzuheben, und leicht den Mund zu öffnen.

Reaktion

– Aktivierung der gesamten Muskelketten des Zungenbeins;
– Kieferöffnung durch die Kontraktion des Platysma und vorderen Anteils des M. digastricus, mit minimaler Komponente der Vorverlagerung der Mandibula;
– Aktivierung der Muskeln, die verantwortlich sind für die Retraktion und, Depression der Mundwinkel.

2.5 *Übung zum Aktivieren der Oberlippe bei gleichzeitigem Inhibieren der Hyperaktivität der Kinnmuskulatur*

Ausgangsstellung: Der Therapeut sitzt auf einem Stuhl (bei Erwachsenen) oder auf der Matte (bei Kindern). Das Kind wird seitlich über einen Oberschenkel gesetzt, mit gut unterstützten Sitzbeinen, der Rücken des Kindes wird durch das andere Bein des Therapeuten unterstützt. Arme und Beine des Kindes werden nahe an seinem Körper gehalten. Bei einem Erwachsenen sitzt der Therapeut seitlich/vorne.
Eine Hand wird am Hinterhaupt angelegt und der Kopf mit sanftem Zug in eine leichte Reklination gebracht. Auf diese Weise wird die Mandibula minimal gesenkt und vorverlagert.
Die freie Hand des Therapeuten bildet ein V und legt diese Finger mit Daumen und Zeigefinger außen über die Weichteile unterhalb der Unterlippe und seitlich an auf den Mandibulakörper. Der Mittelfinger liegt auf dem Mundboden, um die Mandibula zu stabilisieren.

Stimulation

Mit Zeigefinger und Daumen werden die Weichteile Richtung kranial angehoben und ein leichter Druck in Richtung Kiefergelenke gegeben. Damit werden die Lippen in festeren Kontakt gebracht, während die Unterlippe und der M. mentalis inaktiv gehalten werden.
Jetzt wird der Kopf in der Mittellinie gebeugt, mit der Kante der Kinnhand des Therapeuten ein Druck auf das Sternum, und mit der Hand am Hinterhaupt ein Zug Richtung kranial/ventral ausgeübt. In diesem Moment wird die Mandibula gehoben und die Zunge bringt sich in Kontakt mit dem Gaumen.
Der Patient bekommt den Auftrag zu blasen, mit dem Ziel, die Oberlippe in Vibration zu versetzen.
Anschließend wird der Kopf nacheinander zu beiden Seiten gedreht, die Handkante des Therapeuten liegt auf der Schulter des Patienten und er wird nochmals aufgefordert zu blasen.

Reaktion

- Wir erreichen, daß der Patient durch die Nase ein- und durch den Mund ausatmet.
- Der Impuls der Luft, die über die vestibuläre Seite der Oberlippe aus dem Mund strömt, versetzt die Lippe in Vibration und verlagert sie etwas nach vorne.

Auf diese Weise wird die Oberlippe aktiviert, während die Hyperaktivität des M. mentalis und der Unterlippe ausgeschaltet wird.

– Als Abschluß wird der Patient aufgefordert, mit dieser Kontrolle zu schlucken.

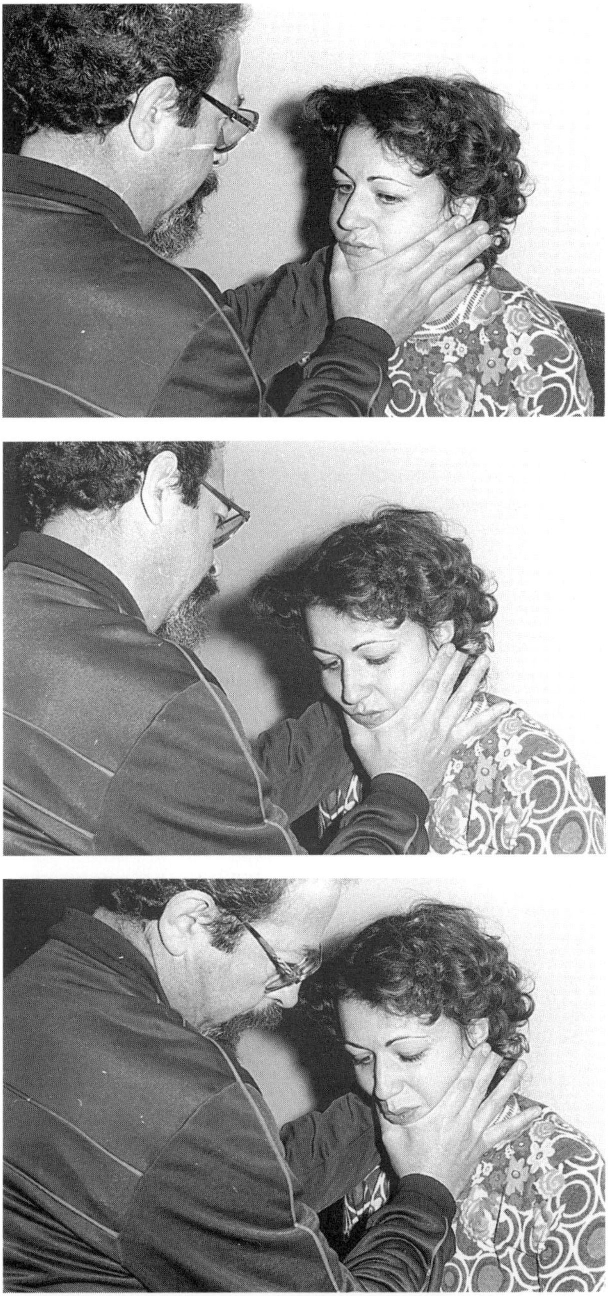

Abb. VII/21 bis 23: Abfolge der Aktivierung der Oberlippe bei gleichzeitigem Inhibieren der Hyperaktivität der Kinnmuskulatur.

2.6 Vibration der Wangen

Beim Kind

Ausgangsstellung: Der Therapeut sitzt im Schneidersitz auf dem Boden und legt das kleine Kind seitlich über seine Beine. Das größere Kind kann auf einem Stuhl vor dem Therapeuten sitzen.
Eine Hand befindet sich am Hinterkopf und übt einen leichten Zug Richtung kranial aus. Der Kopf wird in Flexion gebracht, unter Beibehaltung der Aufrichtung im Rumpf und Nacken. Daumen und Zeigefinger der anderen Hand werden auf je eine Wange gelegt. Der Mittelfinger liegt am Mundboden und kontrolliert den Mundschluß.

Stimulation

Es wird konzentrischer Druck und Vibration ausgeführt, mit minimalem Verschieben der Wangenweichteile Richtung kaudal/ventral. Die Lippen müssen dabei im Kontakt sein.

Reaktion

- Zunahme des intraoralen negativen Druckes;
- Aktivieren des Buccinatormechanismus;
- Vorverlagern des M. orbicularis oris, begleitet von einer leichten Zungenprotrusion;
- Kontraktion des M. transversus linguae, der den transversalen Durchmesser der Zunge verschmälert. Der Kontraktion folgt eine Entspannung.
- Der Vibration folgt ein Streichen am Mundboden und eine Kieferkontrolle.

Beim Erwachsenen

Ausgangsstellung: Beim Erwachsenen ist es im freien Sitzen schwieriger, den Kopf in einer exakten, stabilen Stellung zu halten. Eine Möglichkeit ist daher, die Ausgangsstellung der Basisübung zu verwenden, oder der Therapeut befindet sich hinter dem auf einem Stuhl sitzenden Patienten und stützt den Kopf gegen seinen Thorax ab.
Der Therapeut legt beide Hände flächig auf die Wangen des Patienten. Der Mittelfinger befindet sich auf der Winkelhalbierenden des Winkels Alpha.

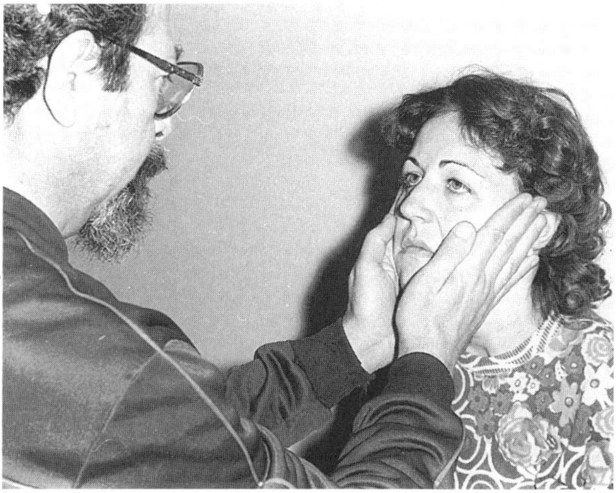

Abb. VII/24: Vibration der Wangen nach ventral/kaudal/medial.
Abb. VII/24 a: Vibrationsformen (von oben nach unten gesehen): ventral/kaudal/medial, dorsal/kranial/medial, asymmetrisch.
(Zeichnung Brondo)

Stimulation

Es wird ein konzentrischer Druck mit Vibration ausgeübt mit leichtem Verschieben der Wangenweichteile nach kaudal/ventral. Dies wird drei bis vier Mal wiederholt.
Anschließend wird die Richtung geändert und nach kranial/dorsal vibriert.
In beiden Fällen schließen wir mit der Kieferkontrolle ab.

Reaktion

- Zunahme des intraoralen Druckes.
- Bei der Vibration nach kaudal/ventral protruiert die Zunge mit der Vibration, wird aber sofort nach dem Stimulus nach hinten/oben gezogen. Der M. longitudinalis superior leitet diese Muskelsynergie ein.
- Bei der Vibration nach dorsal/kranial geht die Zunge erst mit der Vibration nach hinten. Dem Stimulus folgt ein aktives Protruieren der Zunge durch die symmetrische Kontraktion des M. genioglossus.

- Während des konzentrischen Drucks verschmälert sich der transversale Durchmesser der Zunge durch die Kontraktion des M. transversus linguae mit Punctum fixum am Septum linguae. Dem Stimulus folgt ein Verbreitern der Zunge.
- Ein asymmetrisches Vibrieren der Wangen (eine Wange wird vibriert und die andere dient als Stützpunkt), fazilitiert die Rotationsbewegungen der Zunge.

2.7 *Vibration der Lippen*

Ausgangsstellung: S. 2.5 (beim Kind und beim Erwachsenen).
Der Therapeut formt eine Hohlhand, indem er die Fingergrundgelenke leicht flektiert und den Daumen an die Hand adduziert. Er legt die Hohlhand über die Lippen des Patienten, hält die Lippen im Kontakt und achtet darauf, daß er nicht die Nasenatmung mit seiner Hand verlegt.

Stimulation

Es wird ein Druck auf Lippen und Wangen ausgeübt und ein Vakuumeffekt erzeugt.
Anschließend wird in Richtung dorsal/kranial vibriert. Vibrationen wechseln sich mit kurzen Pausen ab.

Reaktion

- Zunahme des intraoralen Druckes,
- Lippenprotrusion,
- Spannungszunahme mit anschließender Entspannung der Zunge.

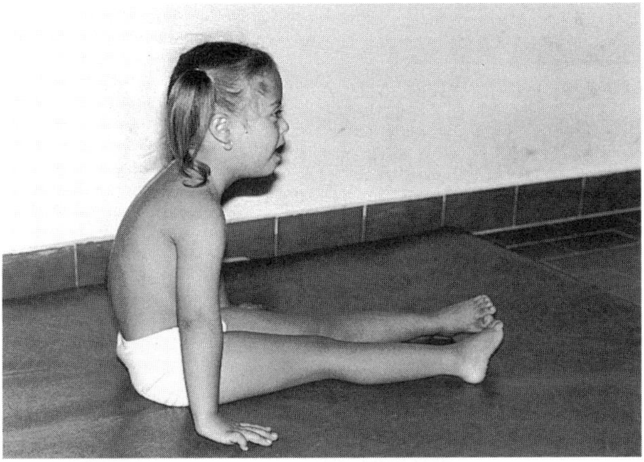

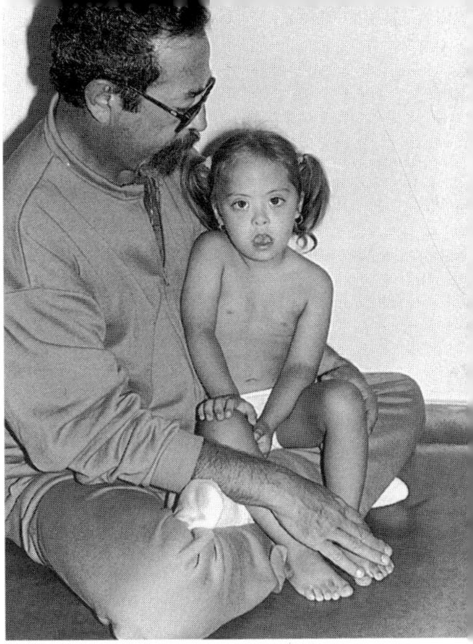

Abb. VII/25 bis 39: Behandlungssequenz eines Kindes mit Down-Syndrom. Spontane Haltungen (25/26 oben). Vibration der Wangen nach kaudal/ventral/medial mit gleichzeitiger Kieferkontrolle (27/28 links). Variation I der Basisübung (29/30 rechts).

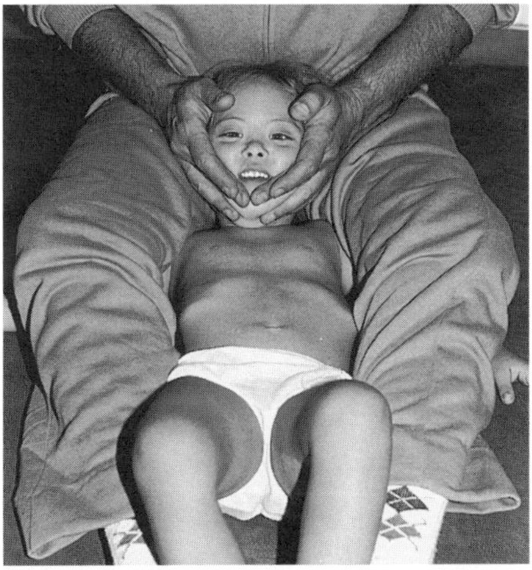

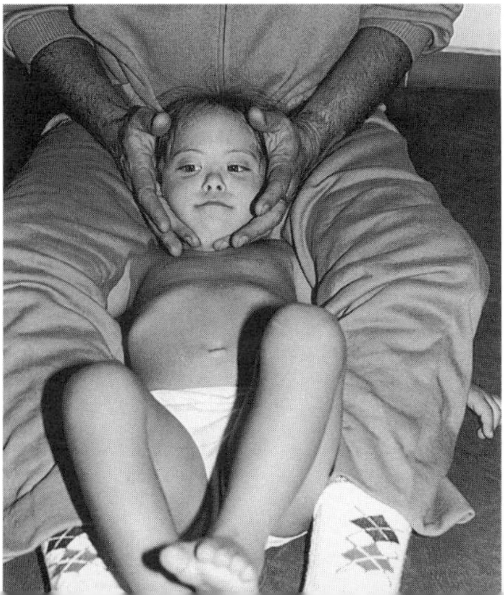

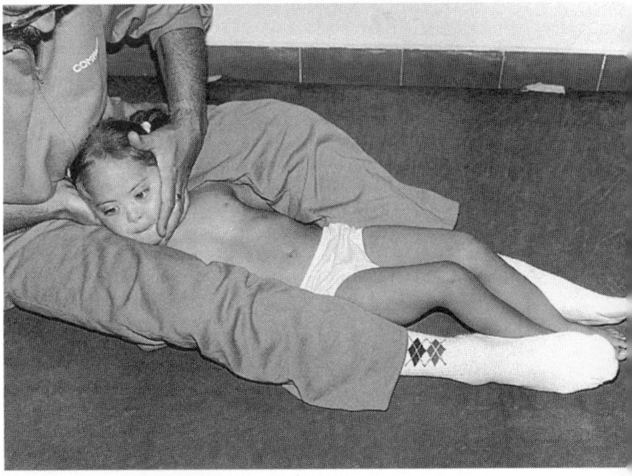

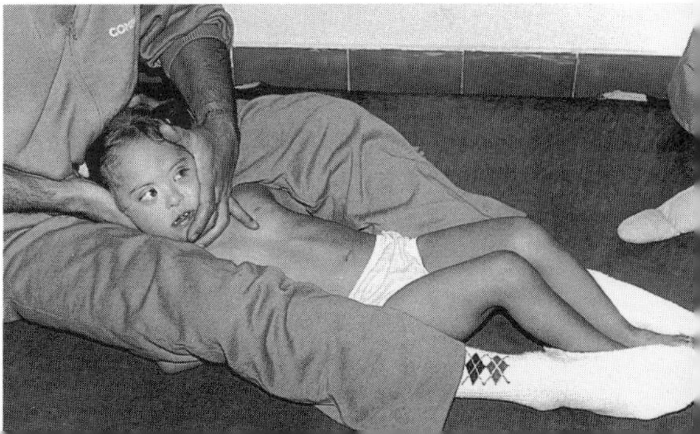

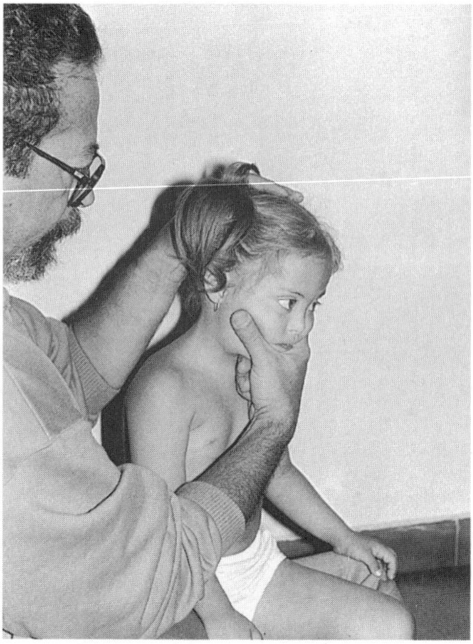

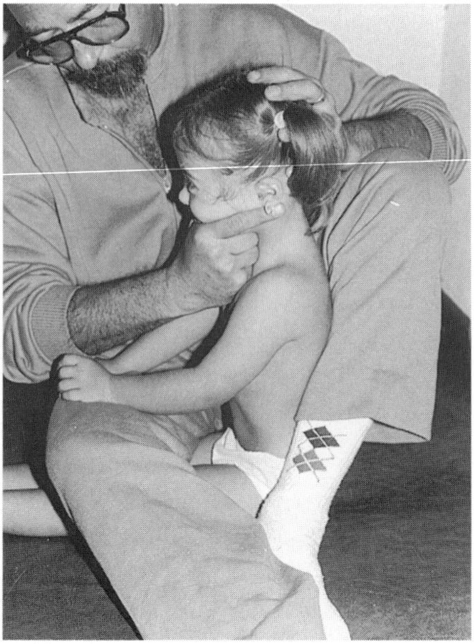

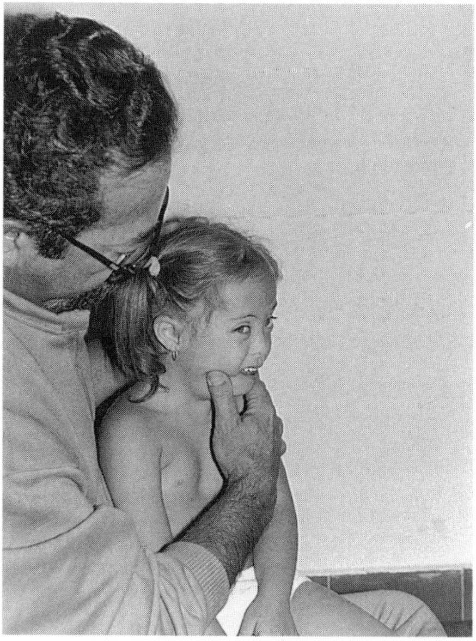

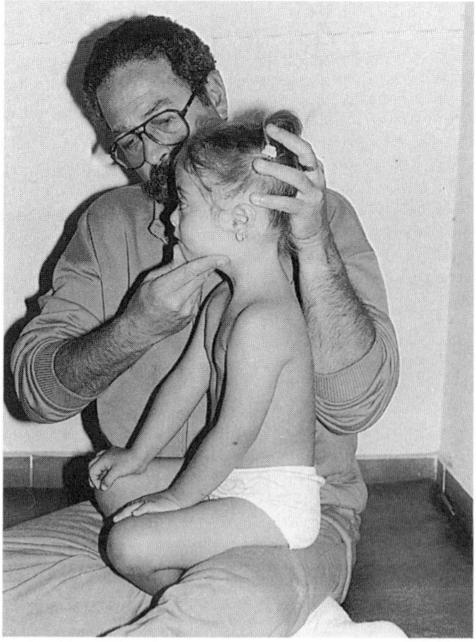

Aktivieren der Oberlippe (31/32 oben), Variation I der Basisübung im Sitzen mit Kontrolle an der Okzipitalzone (33 Mitte). Kieferkontrolle mit Druckrichtung kranial (34 unten).

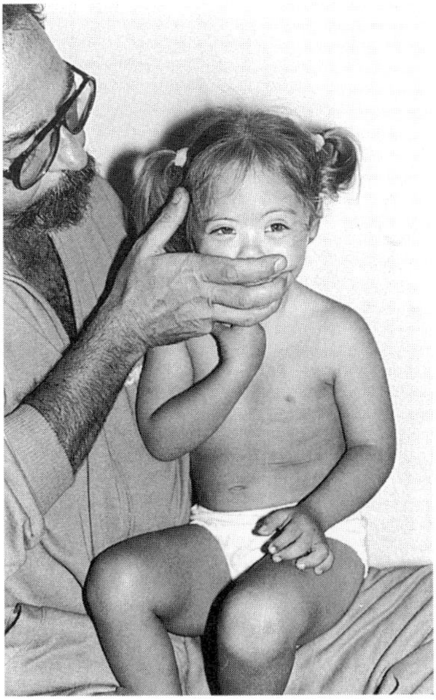

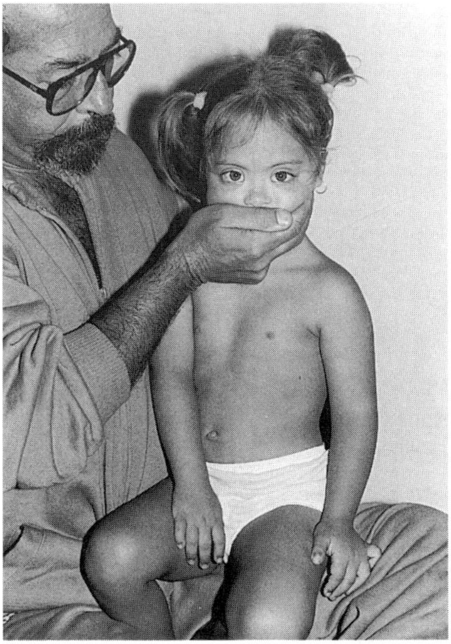

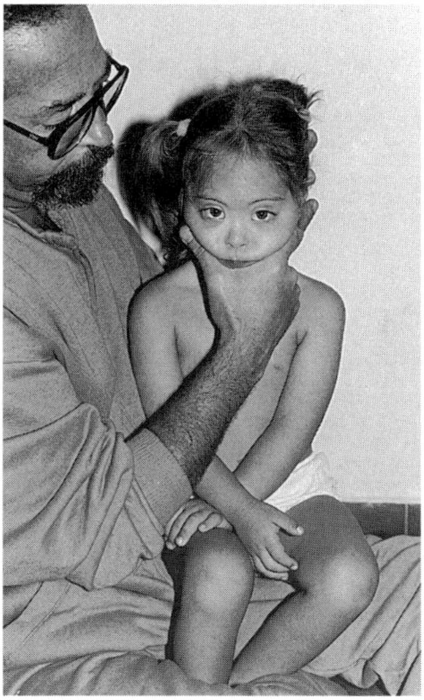

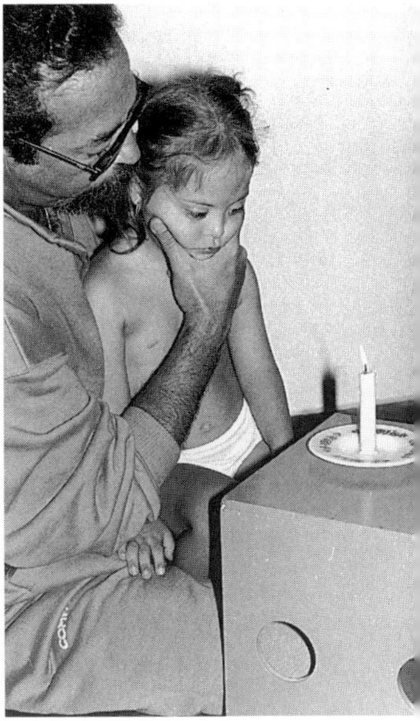

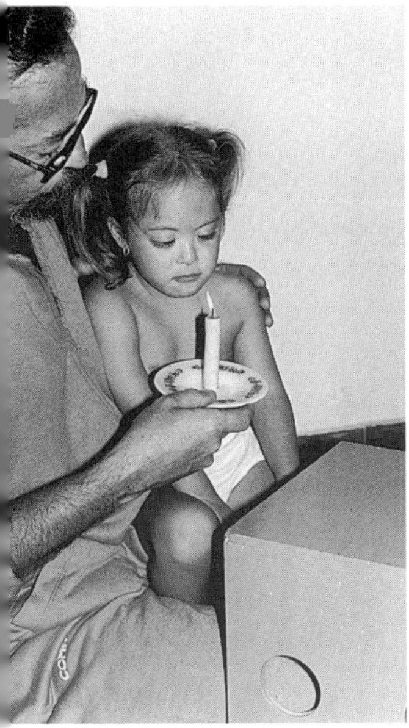

Vibration der Lippen (35/36 oben). Aktivieren der Oberlippe (37/38 Mitte). Selbständiges Blasen (39 unten).

2.8 *Die motorischen Punkte im Gesicht*

Die motorischen Punkte im Gesicht sind Reaktionszonen, über die mit taktiler und propriozeptiver Stimulation bestimmte motorische Antworten eines Muskels bzw. einer Muskelkette auszulösen sind.

1. *Isolierte Stimulation der motorischen Punkte*

- Oberer Nasenpunkt,
- Unterer Nasenpunkt oder Oberlippenpunkt,
- Nasenflügelpunkt,
- Augenlidpunkt,
- Lippenpunkt,
- Kinnpunkt,
- Mundbodenpunkt.

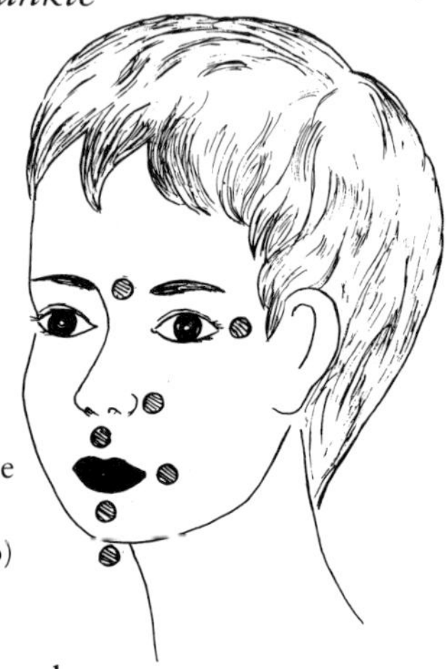

Abb. VII/40: Die motorischen Punkte des Gesichtes.
(Zeichnung Castillo Morales/Brondo)

Oberer Nasenpunkt

Lokalisation: im mittleren Anteil der Nasenwurzel.

Stimulation: mit der Fingerkuppe des Zeigefingers mit Stretch, Druck und Vibration in Richtung dorsal/kranial.

Reaktion:

- Bilateraler Lidschluß mit folgendem verstärktem Öffnen durch die Kontraktion des M. orbicularis oculi mit Punctum fixum am Angulus internus der Orbita.

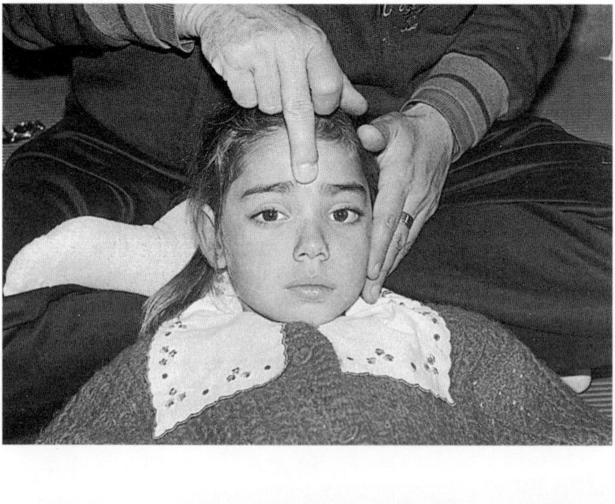

Abb. VII/41: Kind mit Fazialisparese. Stimulation des oberen Nasenpunktes.

- Horizontale Falten im Bereich der Nasenwurzel durch die Kontraktion des M. procerus, mit Punctum fixum an der Nasenwurzel. Diese Reaktion ist nicht konstant.
- In einigen Fällen kommt es zur Elevation der Augenbrauen, aufgrund der Kontraktion des M. frontalis, mit Punctum fixum an der Galea aponeurotica.

Unterer Nasenpunkt oder Oberlippenpunkt

Lokalisation: umfaßt die gesamte Fläche der Oberlippe.

Stimulation:

- mit der Innenfläche des Zeigefingers, der sich in leichter Beugung an die gesamte Oberlippe anlegt;
- mit Stretch, Druck und Vibration in Richtung dorsal/kaudal, wobei der Zeigefinger am Ende der Stimulation leicht nach außen gedreht wird.

Reaktion: Protrusion und Elevation des mittleren Anteiles der Oberlippe durch die Kontraktion der Mm. orbicularis oris superior, levator labii superior und levator labii superior alaeque nasi.

Nasenflügelpunkt

Lokalisation: zu beiden Seiten der Nasenflügel, in Höhe der Incisura nasalis.

Stimulation: beide Punkte werden gleichzeitig stimuliert, mit Zeigefinger und Daumen in Richtung dorsal/lateral/kranial oder kaudal durch Stretch, Druck und Vibration.

Reaktion: Heben der Nasenflügel und Erweiterung der vorderen Nasenöffnungen durch die Kontraktion der Mm. levator labii superior und levator labii superior alaeque nasi.

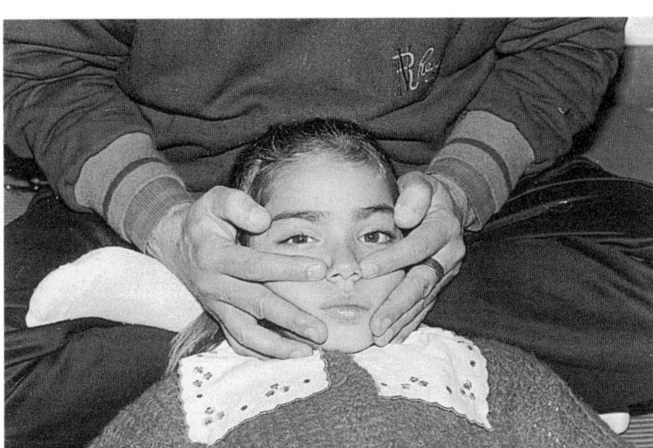

Abb. VII/42: Stimulation des Nasenflügelpunktes.

Augenlidpunkt

Lokalisation: außerhalb des äußeren Augenwinkels, in Höhe der Faserüberkreuzungen des oberen und unteren Augenlides.

Stimulation: gleichzeitige Stimulation beider Punkte mit den Kuppen der Zeigefinger, mit Stretch, Druck und Vibration, in Richtung:

- dorsal/kranial/medial für eine verstärkte Vordehnung und anschließende Aktivierung des Unterlides,
- dorsal/kaudal/medial für eine verstärkte Aktivierung des Oberlides,
- dorsal/medial für eine gleichmäßige Dehnung und Aktivierung beider Lider.

Reaktion: Bilateraler Augenliderschluß durch die Kontraktion des M. orbicularis oculi.

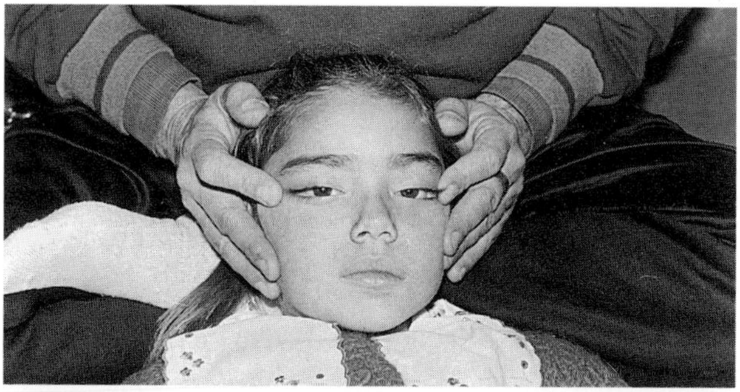

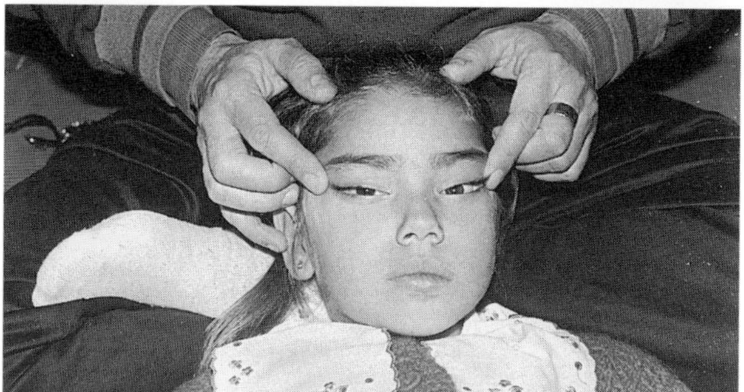

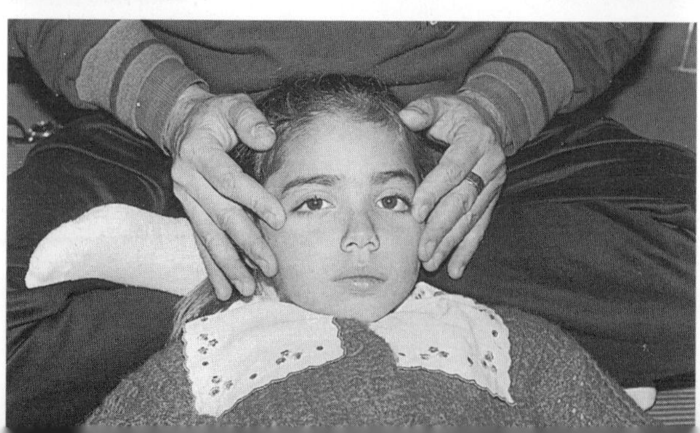

Abb. VII/43 bis 45: Stimulation der Augenliderpunkte.

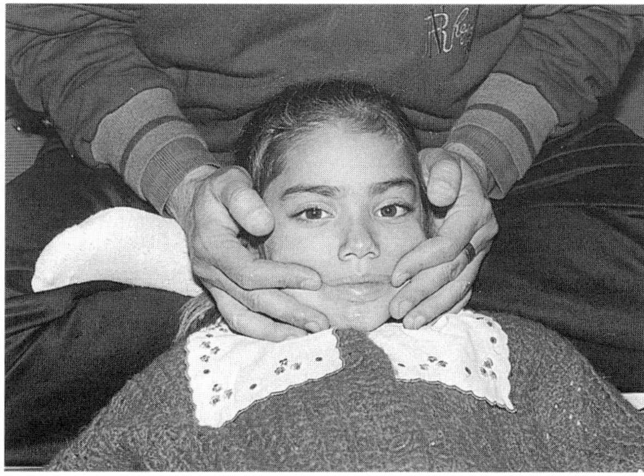

Abb. VII/46: Stimulation der Lippenpunkte.

Lippenpunkt

Lokalisation: seitlich von beiden Mundwinkeln.

Stimulation: beide gleichzeitig mit den Zeigefingerkuppen, mit Stretch, Druck und Vibration in Richtung:

- dorsal/kranial/medial für eine verstärkte Vordehnung und anschließende Kontraktion der Unterlippe,
- dorsal/kaudal/medial für eine verstärkte Kontraktion der Oberlippe,
- dorsal/medial für eine gleichmäßige Dehnung und Kontraktion des M. orbicularis oris.

Reaktion: Leichtes Protruieren und in Falten legen der Ober- und Unterlippe, aufgrund der Kontraktion des M. orbicularis oris.

Kinnpunkt

Lokalisation: über der Kinnlippenfurche.

Stimulation: es ist wichtig, vor der Stimulation den Zeigefinger an den Mundboden zu legen, um den Mund während der Stimulation geschlossen zu halten. Die Stimulation erfolgt mit der Daumenkuppe in Richtung dorsal/kaudal, mit Stretch, Druck und Vibration.

Reaktion: Durch die symmetrische Kontraktion des M. mentalis erfolgt ein Heben der Unterlippe und der Haut des Kinns (Nadelkissenkinn).

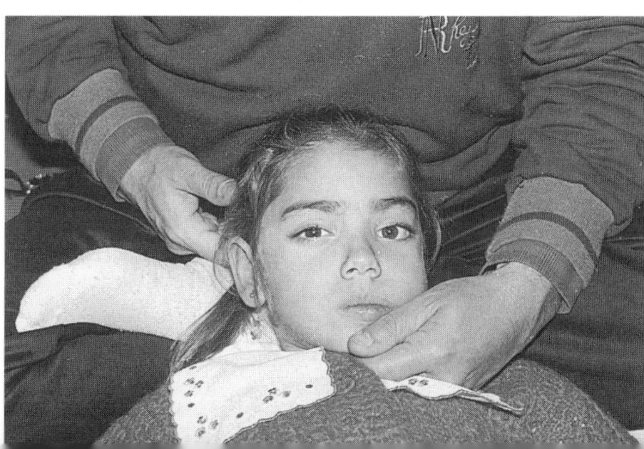

Abb. VII/47: Stimulation des Kinnpunktes.

Mundbodenpunkt

Lokalisation: in der Mitte des Mundbodens, auf der Muskelmasse.

Stimulation: mit dem Daumen bzw. Zeige- oder Mittelfinger in Richtung dorsal/kranial mit Stretch, Druck und Vibration.

Reaktion: Heben des Zungenbeines und der Zunge durch die Aktivierung der oberen Zungenbeinmuskeln, insbesondere des M. mylohyoideus.

2. *Kombinierte Stimulation von mehreren motorischen Punkten*

Nach der uni- bzw. bilateralen isolierten Stimulation der motorischen Punkte gibt es die Möglichkeit zur Kombination, um eine Summation der Stimuli zu erreichen.
Es können drei bis fünf Punkte gleichzeitig stimuliert werden. Diese Kombinationen werden in Verbindung mit der Basisübung oder der Variation I und II der Basisübung durchgeführt.

Verlauf

Als erstes wird die Muskulatur von Schultergürtel, Hals und Nacken sowie des Gesichtes vorbereitet.
Man beginnt mit der Basisübung oder der gewählten Variation. Wenn der Kopf sich in Flexion in der Mittellinie befindet, werden die Finger über den motorischen Punkten angelegt, die wir stimulieren möchten. Jeder motorische Punkt erfährt die gleiche Stimulation, so als würde er isoliert stimuliert. Zusätzlich wird die gesamte Handfläche in Kontakt mit der Mandibula und der Wange des Patienten gebracht.
Möglichkeiten der Kombination:

- Der Mittelfinger auf dem Mundbodenpunkt, der Zeigefinger auf dem Kinnpunkt und der Daumen auf dem Augenlidpunkt.
- Der Ringfinger auf dem Mundbodenpunkt, der Mittelfinger auf dem Kinnpunkt, der Zeigefinger auf dem Oberlippenpunkt und der Daumen auf dem Augenlidpunkt.
- Der kleine Finger auf dem Mundbodenpunkt, der Ringfinger auf dem Kinnpunkt, der Mittelfinger auf der Oberlippe, der Zeigefinger auf dem Nasenflügelpunkt und der Daumen auf dem Augenlidpunkt.

Nach der Auswahl einer dieser Möglichkeiten werden die Finger entsprechend angelegt, der Kopf wird mit der anderen Hand in Flexion gehalten, mit

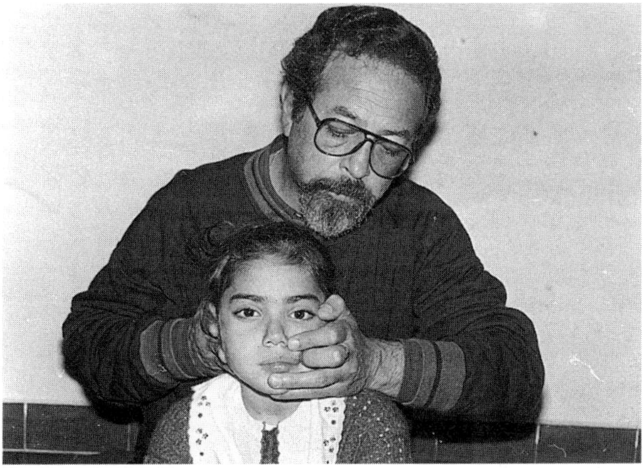

Abb. VII/48: Kombinierte Stimulation der motorischen Punkte.

Griff an den Mastoidfortsätzen, und zur Gegenseite der Stimulation gedreht.

Die Stimulationsrichtung jedes einzelnen Punktes wird aufrecht erhalten und zusätzlich Druck und Vibration über Mandibula und Wange von der Handfläche aus gegeben zur Schulter der Gesichtsseite. Dabei wird ein angepaßter Widerstand eingesetzt und der Patient bekommt den Auftrag, den Kopf gegen diesen Widerstand Richtung Mitte zu drehen. Die Rotationsbewegung ist minimal, der Kopf soll nicht bis in die Mitte zurückgedreht werden.

Die Stimulation wird immer auf beiden Seiten durchgeführt. Wenn es sich z. B. um einen Patienten mit Fazialisparese handelt, so stimulieren wir im Verhältnis zweimal über der paretischen Seite und einmal über der nichtbetroffenen Seite.

2.9 *Übungen im Mund*

1. *Zahnfleischmassage*

Behinderte Kinder mit neurologischen Pathologien weisen häufig sensible und trophische Störungen des Zahnfleisches auf. Diese gehen soweit, daß es sich in einigen Fällen als schwierig erweist, Übungen im Mund durchzuführen, oder solche, die indirekt auf das Zahnfleisch wirken. Diese Art von Pathologie hat verschiedene Ursachen. In einigen Fällen sind es Nebenwirkungen von Medikamenten wie z. B. die Gingivitis hyperplastica verursacht durch Hydantoine. In den meisten Fällen ist die Ursache Mundatmung, schlechte Mundhygiene und ein Verbleiben von Nahrungsresten im Mund, die das beste Medium für die Ausbreitung und Vermehrung von Bakterien sind.

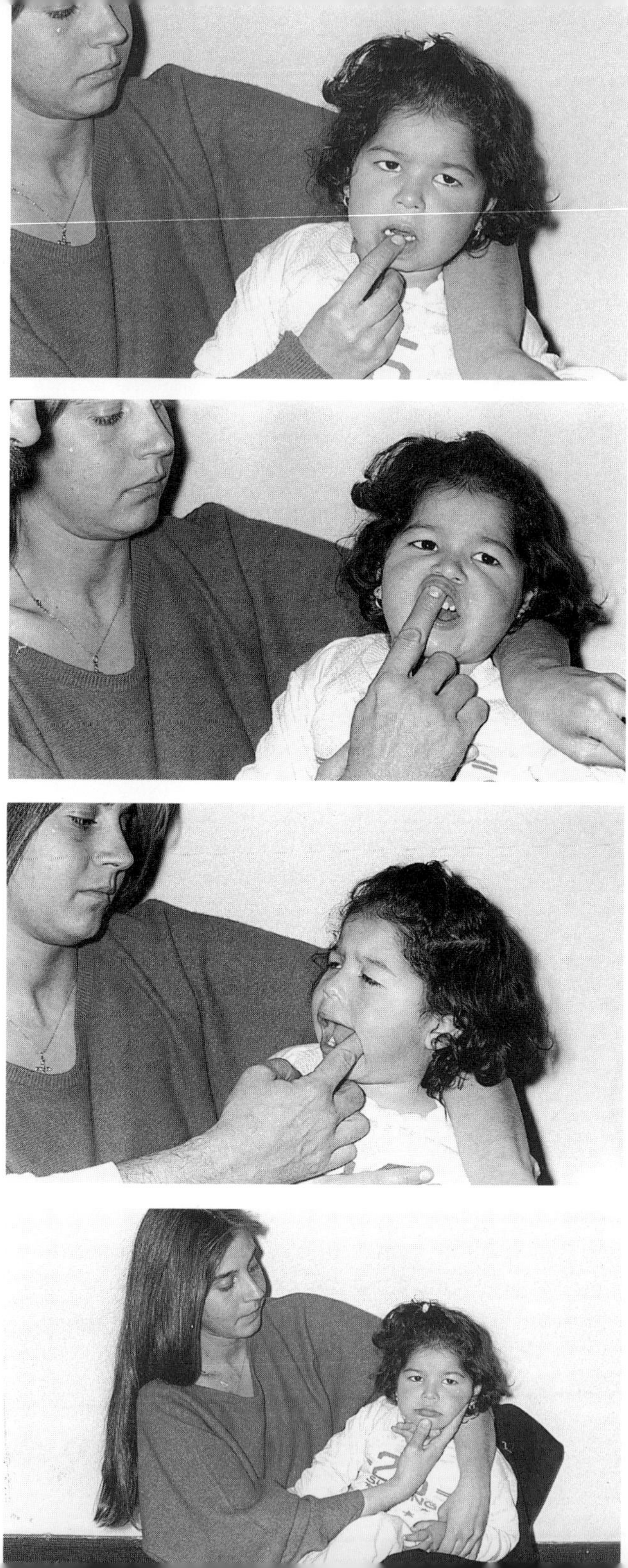

Abb. VII/49 bis 52:
Kind mit spastisch-athetotischer Tetraparese.
Zahnfleischmassage mit anschließender Kieferkontrolle.

Bei diesen Kindern ist es wichtig, auch im Mund zu arbeiten und die Eltern darin anzuleiten. Wir möchten darauf hinweisen, daß der Finger oder ein Gegenstand nie plötzlich oder gegen den Willen des Kindes in den Mund geführt werden darf. Der Finger sollte immer angefeuchtet sein und zuerst in den Mundvorhof gebracht werden, so daß das Kind Zeit hat, sich an das fremde Element anzupassen.
Ausgangsstellung: Das Kind ist in einer gut unterstützten Ausgangsstellung, wie bei den vorhergehenden Übungen beschrieben. Rumpf und Nacken sollen aufgerichtet und in symmetrischer Haltung sein. Pathologische Reaktionen dürfen nicht verstärkt werden.

Stimulation

Die Fingerkuppe wird an das Zahnfleisch angelegt; von der Mitte nach hinten werden kreisende Bewegungen ausgeführt. Die Übung wird einige Male wiederholt, auf beiden Seiten, am unteren sowie am oberen Kieferkamm.

Reaktion

Die Zahnfleischmassage erhöht den Speichelfluß, deshalb wird danach Kieferkontrolle durchgeführt und ein Streichen am Mundboden, um das Schlucken zu fazilitieren.

2. *Gaumenmassage*

Ausgangsstellung: s. o. Der angefeuchtete Zeigefinger wird mit der Fingerkuppe nach oben auf die Gaumenfalten aufgelegt.

Stimulation

Es werden zirkuläre Bewegungen und Streichbewegungen nach lateral, von vorne nach hinten mit leichtem Druck und Vibration durchgeführt.
Wir bleiben zuerst nur im vorderen Bereich, streichen aber bei jeder Bewegung mehr nach hinten, bis an die Grenze zum weichen Gaumen, ohne dabei den Würgreflex auszulösen.
Der Finger wird herausgenommen, Kieferkontrolle durchgeführt, und es erfolgt ein Streichen am Mundboden um das Schlucken auszulösen.

Reaktion

- Die Zunge orientiert sich zum Stimulus.
- Die Auslöserzone des Würgreflexes wird verringert.
- Die senso-perzeptuellen Möglichkeiten des Gaumens werden verbessert.

3. *Elevation der Zungenspitze*

Ausgangsstellung: s. o. Eine Hand ist am Hinterhaupt, führt einen leichten Zug nach kranial aus und bringt den Kopf in leichte Flexionshaltung. Der Mund des Kindes ist leicht geöffnet. Die distale Phalanx des Zeigefingers wird hinter dem Zahnfleisch auf den Mundboden gelegt (M. mylohyoideus), ohne die Zähne zu berühren, der Daumen außen an den Mundboden.

Stimulation

Der Unterkiefer wird ganz leicht nach vorne gezogen; von innen wird mit dem Zeigefinger ein leichter Druck auf den Mundboden ausgeübt.
Danach wird die Endphalanx des Zeigefingers angehoben und die Zungenspitze hinter die oberen Schneidezähne gebracht.
Abschließend wird wieder Kieferkontrolle und das Streichen am Mundboden durchgeführt.

Reaktion

Elevation und Retraktion der Zunge durch die symmetrische Kontraktion der Mm. longitudinalis superior und styloglossus mit Punctum fixum am Processus styloideus. Als Hauptsynergisten agieren die Mm. mylohyoideus und palatoglossus beim Schlucken zum Abschluß der Übung.

4. *Variation für die Elevation der Zungenspitze*

Ausgangsstellung: s. Übung 3.
Nachdem die Stimulation (zuerst Druck von innen auf den Mundboden und dann heben der Zungenspitze) durchgeführt wurde, wird der Zeigefinger flach auf den Zungenrücken gelegt.

Stimulation

Druck und Vibration Richtung Mundboden.
Herausnehmen des Zeigefingers mit einem Streichen Richtung vorne/oben, verbunden mit leichtem Druck.
Abschließend Mundkontrolle und Streichen am Mundboden.

Reaktion

Fazilitation der Elevation der Zungenspitze, was ein wichtiger Faktor beim Saugen, Schlucken sowie bei der lingual-dentalen und lingual-palatinalen Artikulation ist.

5. *Aktivierung der Zungenrotation*

Ausgangsstellung: s. o. Eine Hand ist am Hinterhaupt, der Kopf wird in leichte Reklination gebracht, verbunden mit Traktion. Dadurch wird die Mandibula und die Zunge gesenkt. Der Mund des Kindes ist geöffnet und der Zeigefinger wird in der Mitte am unteren Zahnfleischrand angelegt.

Stimulation

Mit leichtem Druck streicht der Zeigefinger an beiden Seiten innen am unteren Zahnfleischrand, von der Mitte nach hinten bis zur Plica pterygomandibularis.
Mundkontrolle, Streichen am Mundboden.
Gleiche Durchführung am oberen inneren Zahnfleischrand.

Reaktion

Die Zunge folgt dem Stimulus, geht zuerst zur Seite und rotiert dann um die eigene Achse. Diese Aktivität ist hauptsächlich gegeben durch die gegenseitige Kontraktion des M. genioglosus und die gleichseitige Kontraktion des M. styloglossus.

6. *Aktivierung der seitlichen Zungenbewegungen*

Ausgangsstellung: s. o. Der Zeigefinger wird an den vorderen Zungenrand angelegt.

Stimulation

Der Zeigefinger streicht mit leichtem Druck entlang des Zungenrandes von vorne nach hinten und umgekehrt.

Reaktion

Lateralisation der Zunge durch die Kontraktion des M. genioglossus der Gegenseite mit Puctum fixum an der Spina mentalis.
Eine weitere Möglichkeit ist, die Variation I der Basisübung zu modifizieren und anstatt außen an der Linea obliqua zu stimulieren, den Zeigefinger in die Wangentasche zu legen, in die Nähe der Linea obliqua, und den Kopf gegen den Widerstand drehen zu lassen.

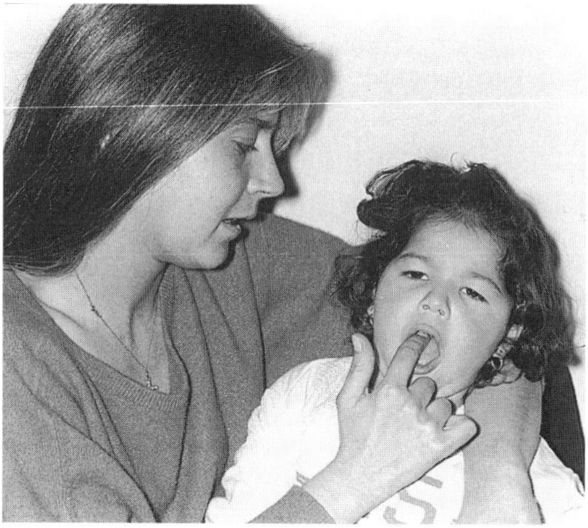

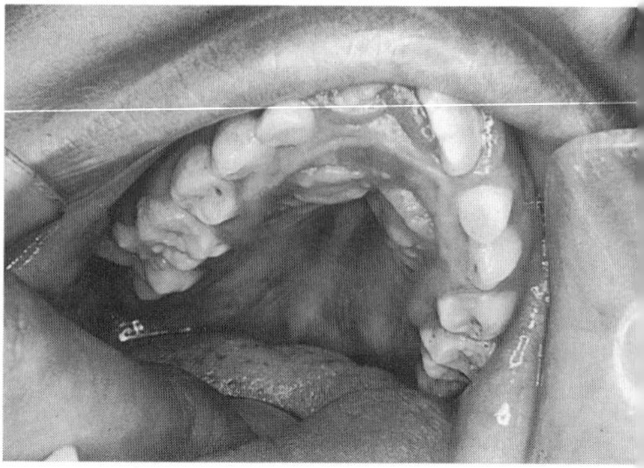

Abb. VII/53 bis 55: Vibration der Zunge nach kaudal/ventral.
(Zeichnung Brondo/Castillo Morales)

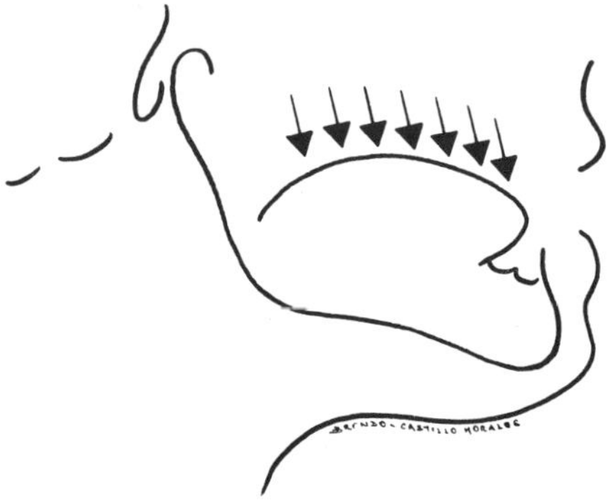

7. *Intermittierende Vibration der Zunge*

Ausgangsstellung: s. o. Der Zeigefinger wird mit der Innenfläche auf die Mittellinie des gesamten Zungenrückens gelegt. Besonders wichtig ist der Kontakt mit dem hinteren Drittel der Zunge.

Stimulation

Druck und intermittierende Vibration in Richtung kaudal/ventral, mit Verschieben des Fingers von hinten nach vorne.
Abschließend Kieferkontrolle und Streichen am Mundboden zur Stimulation des Schluckens.

Reaktion

Als erstes wird der M. longitudinalis superior leicht gedehnt und von seinem Punctum fixum entfernt. Beim Herausnehmen des Zeigefingers kontrahieren sich die Muskeln in Richtung des Punctum fixum und leiten die Synergie für das Heben der Zunge nach hinten/oben ein.

Variation

Wenn es das Ziel ist, daß das Kind die Zunge protruiert, wird die Stimulation mit Druck und Vibration in kaudal/dorsaler Richtung ausgeführt.

8. *Stimulation des Saugens*

Es gibt unzählige Ursachen, warum das Saugen nicht oder nur insuffizient vorhanden ist und das Kind dadurch Schwierigkeiten hat, seine Ernährungsbedürfnisse ausreichend zu befriedigen. Sie können in diesem Buch nicht beschrieben werden. Bei der Stimulation des Saugens richten wir uns nach den Bewegungsfolgen des normalen Saugmechanismus und fazilitieren jede einzelne Etappe.

Das Neugeborene oder der kleine Säugling wird in eine korrekte Haltung gebracht. Wir beachten dabei die gesamten Muskelketten des Körpers (modifiziertes Schema nach Brodie). Sind die Muskelkräfte nicht im Gleichgewicht, kann dies zu einer anormalen Kopf und Mandibulahaltung führen.

Während der Säugling auf dem Schoß des Therapeuten ruht, wird eine Hand mit sicherem, sanften Griff an die Okzipitalzone gelegt und führt einen intermittierenden Zug nach kranial aus; der Kopf ist dabei in Neutralstellung. So werden überschießende Afferenzen blockiert. Wird der Kopf des Kindes freigelassen, können störende Reaktionen, wie z. B. die tonischen Nacken- und Labyrinthreaktionen, ausgelöst werden, die auf die Kopf- und Mandibulahaltung Einfluß nehmen. Dies verhindert eine normale Ausführung der orofazialen Praxien. Die andere Hand des Therapeuten wird auf die Sternumzone aufgelegt und übt einen intermittierenden Druck nach dorsal/kaudal aus. So inhibieren wir die Massenbewegungen des Säuglings und fazilitieren gleichzeitig das Annähern der oberen Extremitäten zur Mittellinie. Erst jetzt ist es möglich, am orofazialen Komplex zu arbeiten.

Vorbereitung der Muskelketten, die aktiv am Saugen beteiligt sind:

- Unterkieferheber: Mm. temporalis, masseter, pterygoideus medialis;
- Unterkiefersenker: vorderer Anteil des M. digastricus, M. geniohyoideus, Platysma;
- Buccinatormechanismus: Mm. orbicularis oris, buccinator, constrictor pharyngeus superior;
- Zungenprotrusion: M. genioglossus mit synergistischer Aktivität des vorderen Anteils des M. digastricus und des M. geniohyoideus, der das Zungenbein nach vorne/oben stabilisiert;

- Zungenheber und Muskeln der Zungenretraktion: Mm. longitudinalis superior, palatoglossus, styloglossus, mit synergistischer Aktivität des vorderen Anteils des M. digastricus und des M. stylohyoideus, die das Zungenbein nach hinten/oben stabilisieren.

Die Behandlungstechniken werden je nach Pathologie unterschiedlich angewendet.

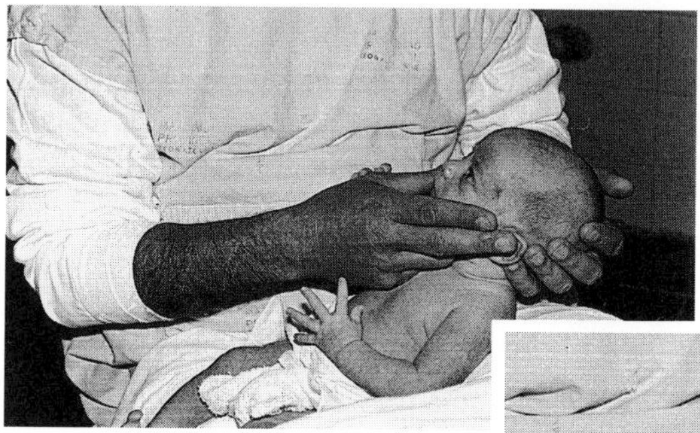

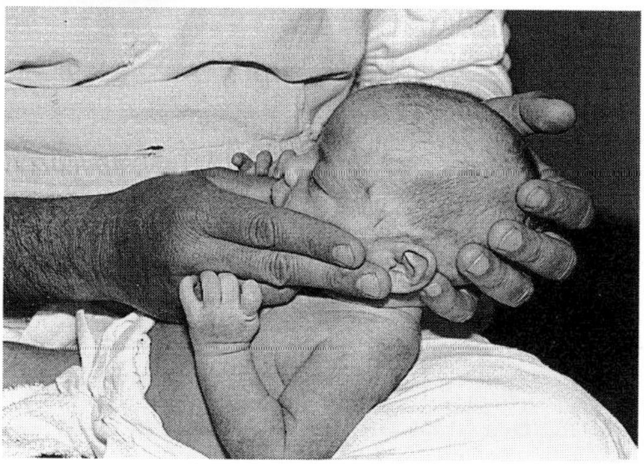

Abb. VII/56 und 57: Herstellen der motorischen Ruhe, bei gleichzeitiger Vibration der Wangen.

Abb. VII/58: Vibration des Mundbodens. – Abb. VII/59: Vibration der Lippen. (Zeichnung Brondo/Castillo Morales)

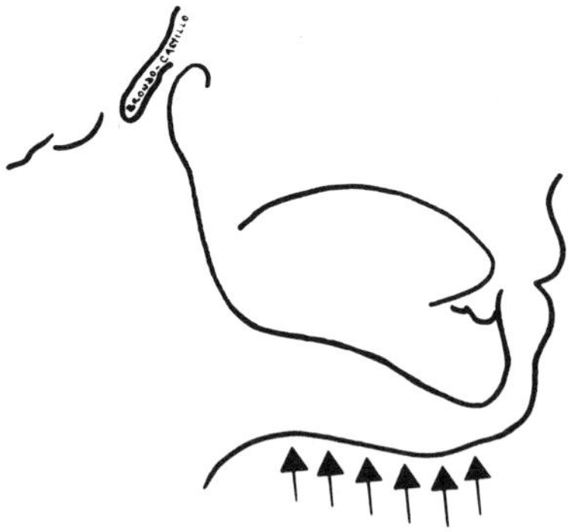

9. *Stimulation des eigentlichen Saugvorganges*

- Ring- und kleiner Finger werden an den vorderen Anteil des Mundbodens gelegt;
- Daumen und Mittelfinger werden seitlich an den Wangen angelegt; der Zeigefinger ist bereit, in den Mund geführt zu werden.
- Zuerst üben wir mit Mittelfinger und Daumen Druck und Vibration auf beide Wangen aus zur Aktivierung des Buccinatormechanismus und eines guten Lippenschlusses. Der intraorale negative Druck wird durch die Aktivität dieser Muskelsynergie erhöht, was notwendig ist, um die Milch in den Mund zu saugen.
- Die Finger am Mundboden üben Druck und Vibration in kranialer Richtung aus und sichern damit den Mundschluß.
- Gleich darauf wird das Endglied des Zeigefingers in den Mund des Kindes geführt, wobei beachtet wird, daß es zu keiner Zungenprotrusion kommt. Es wird ein intermittierender Druck nach kaudal/ventral ausgeübt und dann der Finger mit einer Streichbewegung nach kranial aus dem Mund genommen. Damit fazilitieren wir die Retraktion/Elevation der Zunge, die erforderlich ist, um die Brustwarze in die Länge zu ziehen und an die richtige Stelle zu bringen. Hierbei spielen beide Mm. styloglossi eine wichtige Rolle, die die Zunge in eine Löffelform bringen und so die Brustwarze von unten umschließen.

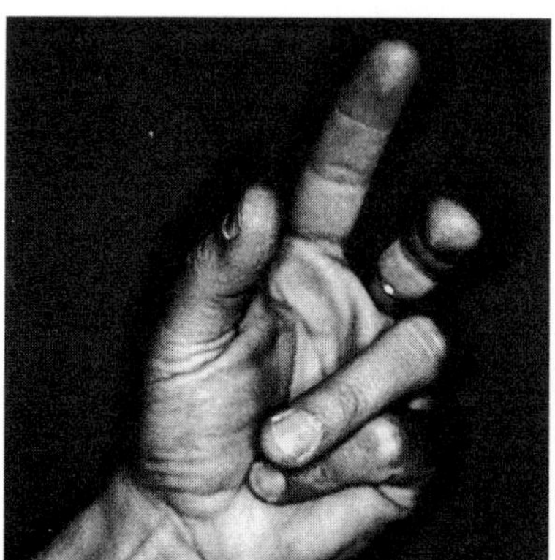

Abb. VII/60: Handhaltung für die Stimulation des Saugens.

Abb. VII/61: Querschnitt durch die Mundhöhle. A: Mittelfinger und Daumen, B: Ringfinger, C: Zeigefinger. Pfeile zeigen die Stimulationsrichtung an. (Zeichnung Brondo)

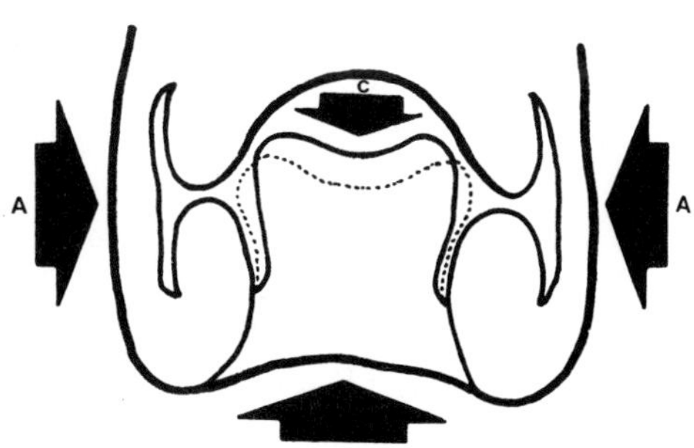

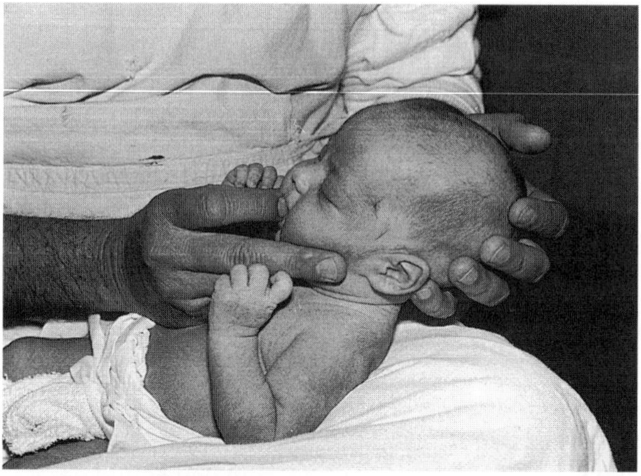

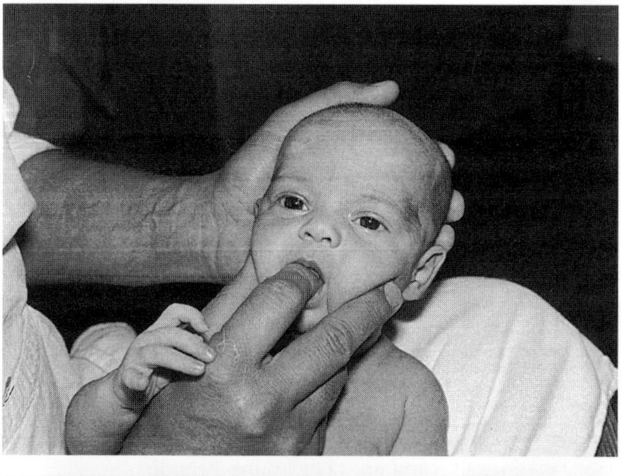

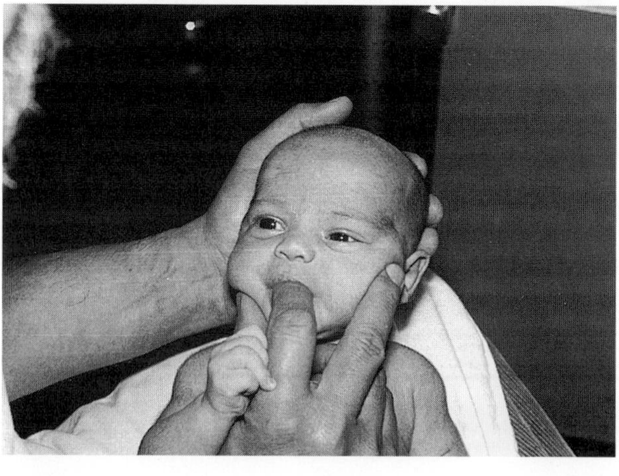

Abb. VII/62 bis 64: Sequenz der Stimulation des Saugens.

- Die Übung wird beendet mit einem Streichen am Mundboden in Richtung kranial/dorsal. Der M. mylohyoideus wird aktiviert, der die Synergie des Schluckens einleitet.
- Sobald das Kind geschluckt hat, ändern wir unseren Griff. Wir führen eine Mundkontrolle durch, mit dem Mittelfinger am Mundboden, dem Daumen auf dem Kinn und dem Zeigefinger seitlich auf der Mandibula. Mit der äußeren Handkante üben wir einen Druck auf die Sternumzone aus. (Immer wenn wir Mundkontrolle durchführen, ist vorher festzustellen, ob die oberen Luftwege durchlässig sind!)
- Dieser gesamte Vorgang wird vor dem Füttern drei bis vier Mal durchgeführt. Während des Trinkens begleiten wir nur die Bewegungen des Kindes mit einer weichen Mundkontrolle. Aus didaktischen Gründen ist die Beschreibung etwas mechanisch dargestellt. Dabei dürfen wir aber nie vergessen, daß die Nahrungsaufnahme eine der ersten erfreulichen Erfahrungen des Neugeborenen ist – vorausgesetzt, der Saug-Schluckmechanismus ist in Ordnung. Das taktile System ist hierbei einer der Hauptkanäle, über die die ersten Umweltinformationen an das Zentralnervensystem geleitet werden, die eine angepaßte Reaktion bewirken. Durch die enge Verbindung des taktilen Systems zum lymbischen System wird eine Vielzahl von Emotionen ausgelöst. Die Haut ist die Grenze, die den Säugling von der Umwelt trennt. Über das taktile System erfolgen die ersten Interaktionen des Kindes mit der Umwelt, über das Saugen, über den intensiven Körperkontakt und die beruhigenden Bewegungen der Mutter. So wird es sicher in den ersten affektiven Beziehungen zur Umwelt.

2.10 *Orofaziale Therapie bei Patienten mit zerebralen Bewegungsstörungen*

Bei der Erstellung eines Behandlungsprogrammes ist folgendes zu beachten:
- die gesamte Pathologie des Patienten;
- die Hauptprobleme bezogen auf den orofazialen Komplex;
- das Alter des Patienten;
- die Möglichkeiten, die Techniken aus der orofazialen Regulationstherapie mit anderen therapeutischen Konzepten, die speziell für Patienten mit zerebralen Bewegungsstörungen entwickelt wurden, zu kombinieren.

Es müssen Prioritäten gesetzt werden: Stehen die orofazialen Probleme des

Kindes im Vordergrund oder sind andere wesentlichere Probleme zuerst behandlungsbedürftig? Dies ist ein wichtiger humaner Aspekt, um nicht den Patienten und die Familie mit Therapievorschlägen zu überladen und sie der Behandlung überdrüssig werden zu lassen.

Bei der orofazialen Therapie von Patienten mit zerebralen Bewegungsstörungen ist es unerläßlich, verschiedene Techniken aus anderen Therapien zu kennen, die verhindern, daß während der orofazialen Therapie pathologische Bewegungsmuster oder andere unerwünschte Reaktionen ausgelöst werden.

Jede Übung wird mit einem ganz bestimmten Ziel angewandt. Als Grundlage dafür sind Ausgangsstellungen notwendig, die die pathologischen Bewegungsmuster inhibieren. Mit dem Ziel der Tonusregulierung, die erforderlich ist für die orofaziale Therapie, bringen wir das Kind in geeignete Ausgangsstellungen, ohne dabei Rücksicht zu nehmen auf die sensomotorische Entwicklungsstufe des Kindes. Viele Jahre Arbeit mit motorisch schwerbehinderten zerebralparetischen Kindern haben uns gezeigt, daß bessere Aktivitäten am orofazialen Komplex zu erzielen sind, wenn wir die Kinder während der Therapie in korrigierte Haltungen bringen, wenn sie diese aufgrund ihrer motorischen Störungen nicht selbst einnehmen können. Es ist unmöglich, die Vielfalt von fazilitierenden Ausgangsstellungen bei CP-Kindern aufzulisten. Jedes Kind muß genau beobachtet werden; angepaßt an seine Möglichkeiten und seine Pathologie werden dann bestimmte Ausgangsstellungen ausgewählt. Dies ist Grundvoraussetzung für eine erfolgreiche Behandlung am orofazialen Komplex.

Die Ausgangsstellung muß bequem sein, sei es auf der Matte oder im Rollstuhl, auf dem Schoß der Mutter oder des Therapeuten. Leichter behinderte Kinder behandeln wir häufig während ihrer alltäglichen Aktivitäten, da sie oft nicht lange ruhig auf einem Platz bleiben. Diese Situationen kennt jeder Therapeut zur Genüge.

Bei vielen Kindern mit CP arbeiten wir, wenn es möglich ist, auf der schiefen Ebene, die von den Beinen der leicht erhöht sitzenden Mutter gebildet wird. Diese Ausgangsstellung, auf die das Kind langsam vorbereitet wird, bietet eine Reihe von Vorteilen. Sie ist nicht spezifisch zur Nahrungsaufnahme gedacht, sondern zur Behandlung.

Zuerst wird mit verschiedenen Möglichkeiten der Tonus des Kindes reguliert.

Wir beginnen in einer niedrigen Ausgangsstellung. Die Mutter, mit dem

Rücken angelehnt, sitzt im Langsitz auf dem Boden. Das Kind wird mit dem Gesicht zu ihr auf ihre Oberschenkel, in Nähe der Knie, gesetzt. Die Mutter hält das Kind, kontrolliert die Abduktion der Beine des Kindes und einen guten Sohlenkontakt der Füße auf dem Boden. Sie löst kleine seitliche Gewichtsverlagerungen aus, durch das wechselseitige leichte Beugen und Strecken der Knie, und versucht zu vermeiden, daß unerwünschte Reaktionen beim Kind auftreten.
Der Therapeut sitzt im Schneidersitz am Fußende der Mutter; die Füße der Mutter sind im rechten Winkel.
Langsam wird das Kind nach hinten gelegt, mit dem Kopf auf die Füße, Hüfte und dorsolumbale Zone auf die Knie der Mutter. Langsam werden die Beine des Kindes gestreckt und die Fußsohlen am Bauch der Mutter angestellt. Die Knie müssen ganz gestreckt sein und es soll zu keiner Flexion in den Zehen und keiner Planterflexion kommen.
Der Therapeut hilft mit, die einzelnen Körpersegmente zu kontrollieren, hat seine Hände zuerst am Becken, dann am Thorax und zuletzt auf dem Sternum, auf das er leichten Druck Richtung dorsal/kaudal ausübt.
Die Mutter kontrolliert die Extension der Knie und den Sohlenkontakt an ihrem Bauch.
Sobald das Kind sich an die Lage angepaßt hat und der Tonus reguliert ist, beginnen wir mit der orofazialen Therapie, den Zielen folgend, die wir uns gestellt haben, und ohne pathologische Reaktionen auszulösen.
In der gleichen Ausgangsstellung können die Handflächen des Kindes seitlich auf den Boden oder zur Mitte gebracht werden. Es können in dieser Haltung auch das Kauen und Schlucken von fester Nahrung und von Flüssigkeiten angebahnt werden. Diese Haltung soll jedoch nicht der Nahrungsaufnahme dienen.

Modifikation dieser Haltung

Die Ausführung ist gleich, wie oben beschrieben, nur daß die Mutter sich auf die Kante eines kleinen Stuhls setzt, die Beine ausstreckt und dadurch eine schiefe Ebene von ca. 45 Grad mit ihren Beinen herstellt. In dieser Ausgangsstellung wird die Atemarbeit vermehrt aktiviert, da die Eingeweide einen Druck auf das Diaphragma ausüben. Diese Ausgangsstellung wird nur eingenommen, wenn das Kind es zuläßt. Der Tonus kann kontrolliert werden und man erreicht eine vollständige Extension des gesamten Körpers.

Wenn der Therapeut allein ist, kann auch eine gepolsterte schiefe Ebene aus Holz verwendet werden, um ähnliche Effekte zu erzielen.

Bei Säuglingen und kleinen Kindern werden andere Haltungen ausgesucht.

Die folgende Abbildungsreihe zeigt eine Behandlungssequenz bei einem fünfjährigen Kind mit spastisch-athetotischer Tetraparese.

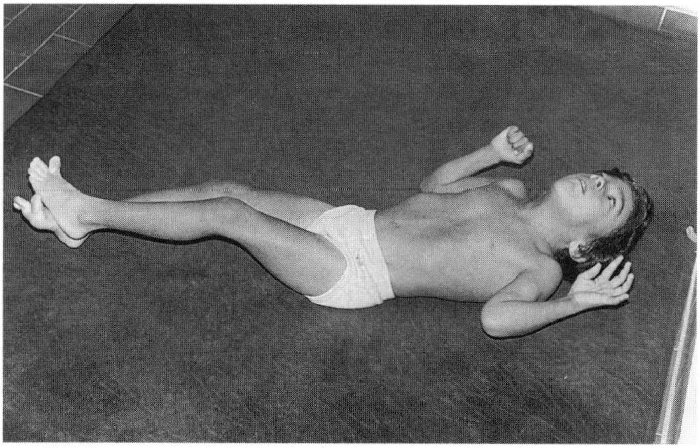

Abb. VII/65: Spontane Rückenlage: Hüft- und Kniegelenk in Flexion, Spitzfußhaltung, hypertone Bauchmuskulatur, Protraktion der Schultern, Hypertonus der Arme, Reklination des Kopfes.

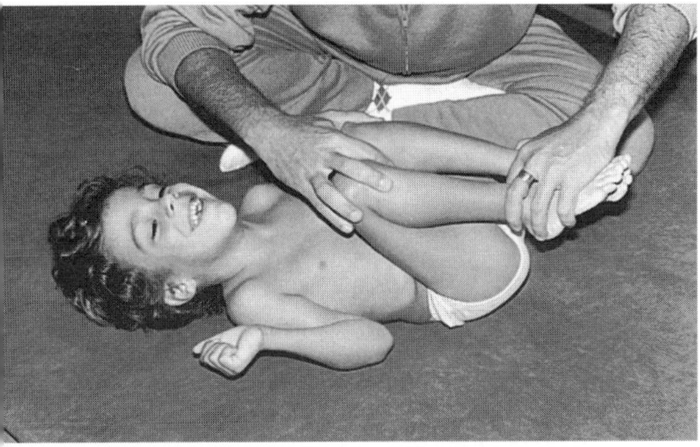

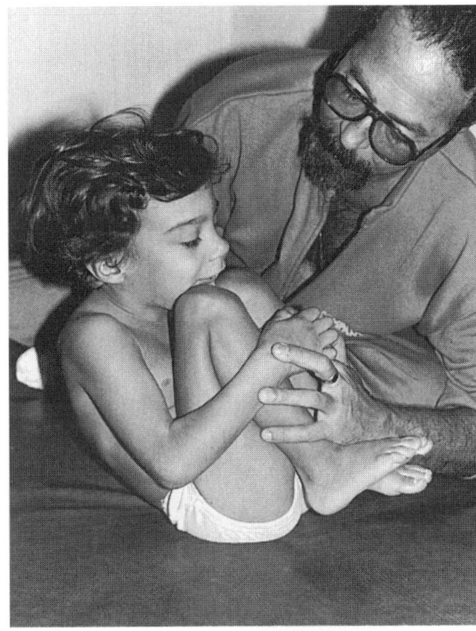

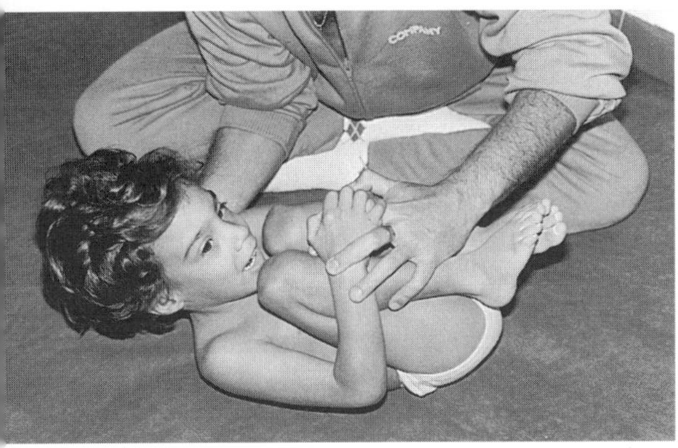

Abb. VII/66 bis 69:
Aufnehmen und
Tragen des Kindes
auf die Knie der
Mutter.

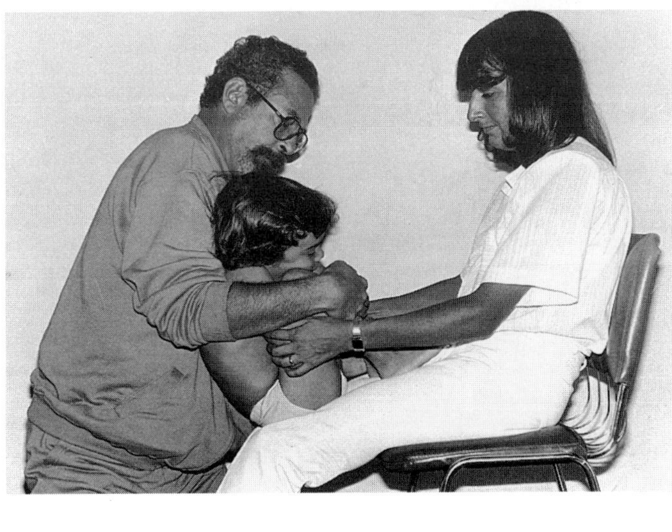

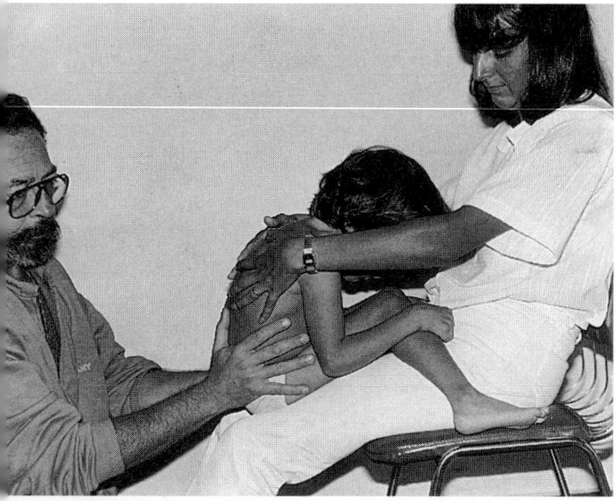
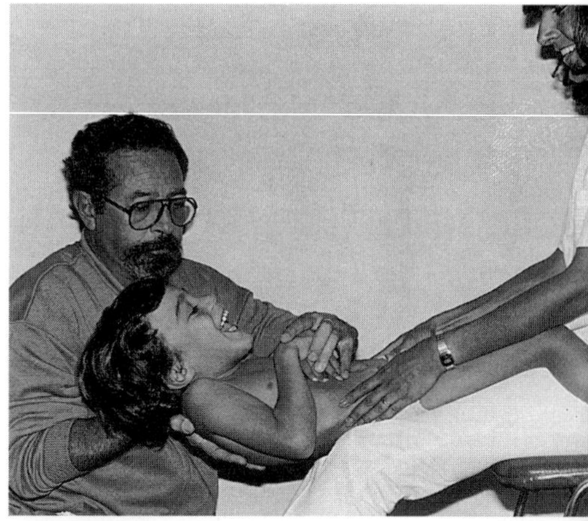
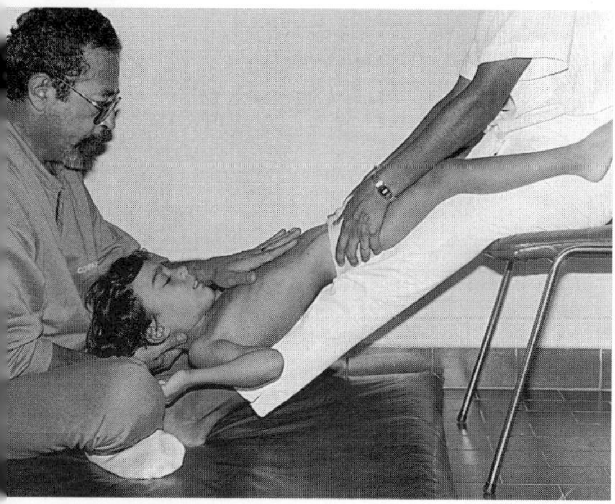
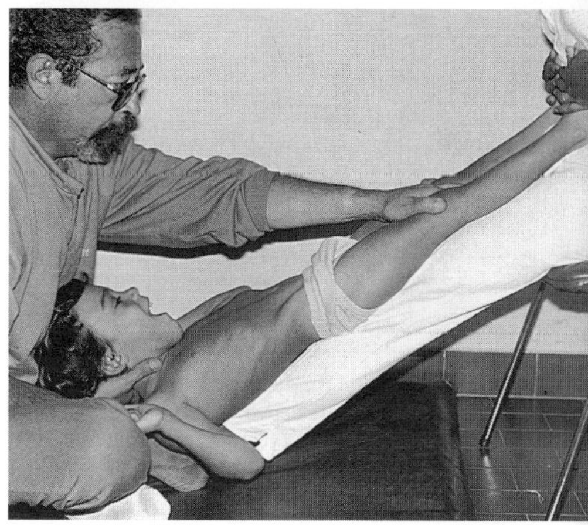
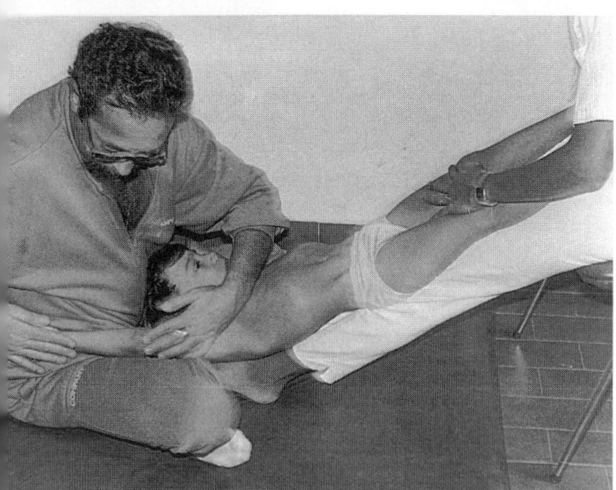

Abb. VII/70 bis 74: Langsame Korrektur der Ausgangsstellung wie im Text beschrieben. (70/71 oben, 72/73 Mitte, 74 unten)

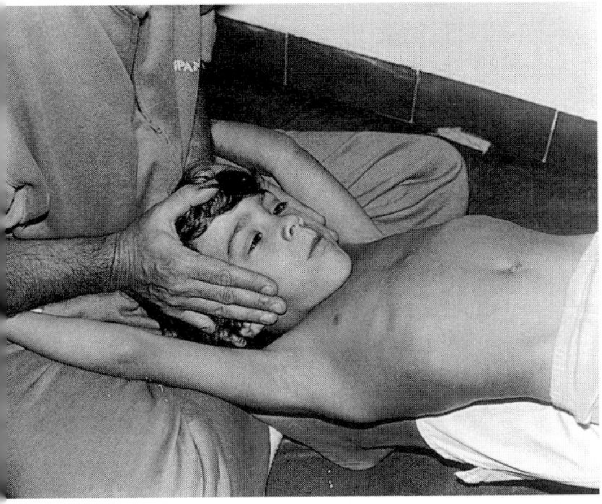

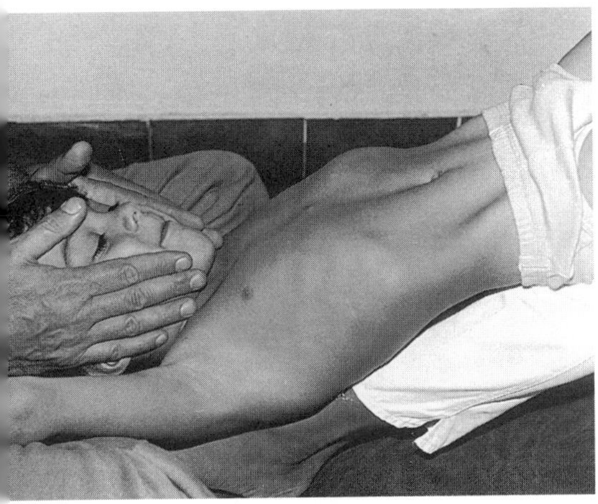

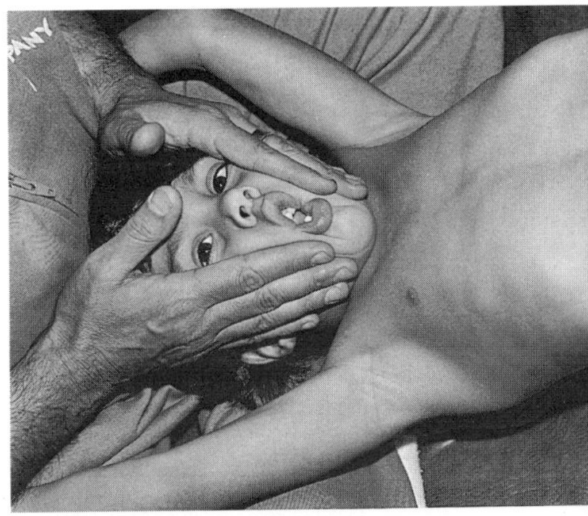

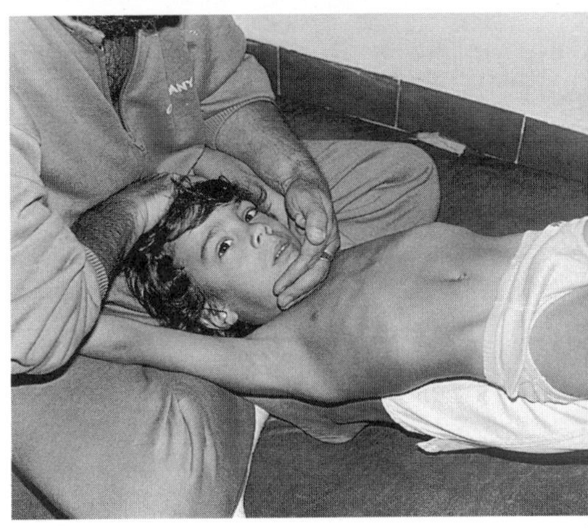

Abb. VII/75 bis 78: Modellieren und verschiedene Vibrationen.
(75 oben, 76/77 Mitte, 78 unten)

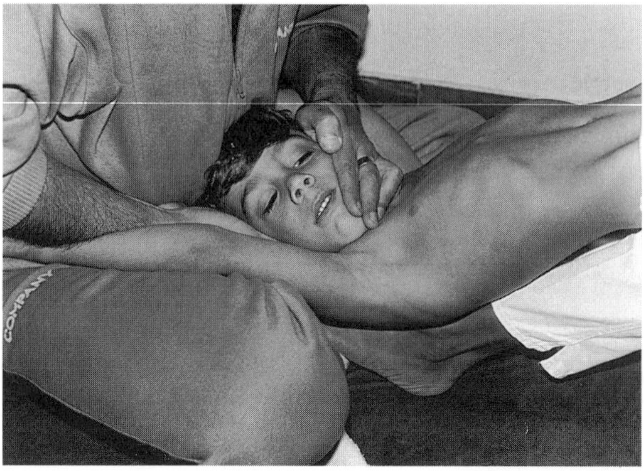

Abb. VII/79: Variation I der Basisübung.

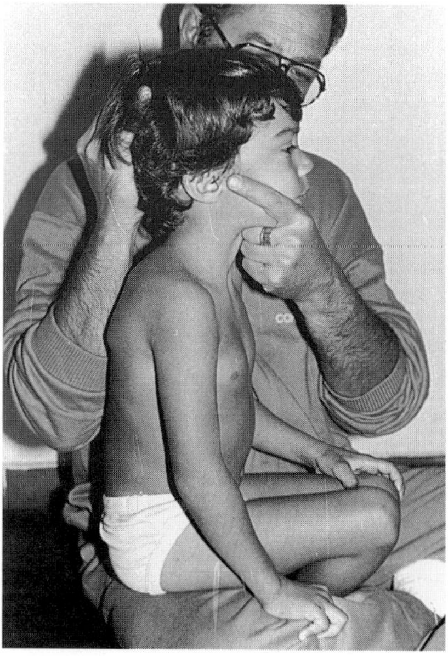

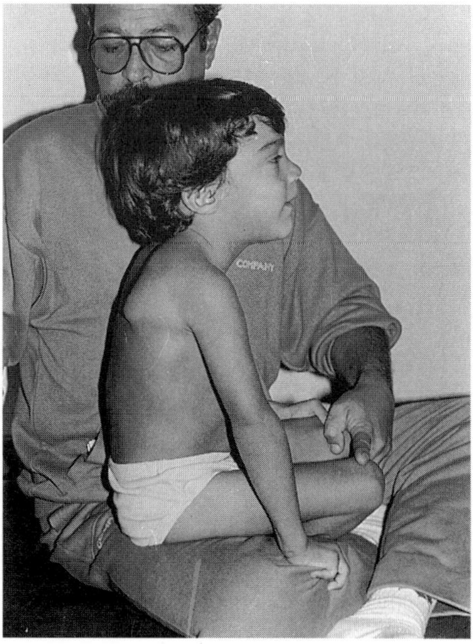

Abb. VII/80 (links): Kieferkontrolle im Sitzen mit Schlucken in korrigierter Haltung.
Abb. VII/81 (rechts): Am Ende der Behandlung soll das Kind seine selbständige Sitzhaltung spüren.

VIII. *Kieferorthopädische Hilfsmittel*

Einführung in die Kieferorthopädie bei Patienten mit neurologischen Störungen

GUSTAVO OVIEDO

Die Prävention und Behandlung von Störungen am orofazialen Komplex ist für die Gesamtrehabilitation eines behinderten Kindes von großer Bedeutung.

Aus kieferorthopädischer Sicht beschreiben wir die Gewebestrukturen des Patienten unter zwei Gesichtspunkten:

- statisch und
- dynamisch.

In Bezug auf das betroffene Gewebe werden die Störungen wie folgt klassifiziert:

- *skelettal:* Behandlung mit großen Kräften (z. B. mit einer Gesichtsmaske nach Delaire) und/oder einem chirurgischen Eingriff;
- *alveolo-dental:* Behandlung mit geringen Kräften über den Zähnen, normalerweise mit kieferorthopädischen aktiven Platten;
- *funktionell:* Behandlung mit funktionellen Geräten.

Unter den funktionellen Störungen ist die häufigste ein atypischer Schluckakt mit interdentaler Zungenlage, Zungenstoß nach vorne und Kontraktion des M. mentalis.

Eine große diagnostische Hilfe sind Panoramaröntgenaufnahmen (OPG), um festzustellen, ob Zahnanlagen fehlen bzw. zuviele vorhanden sind oder ob andere Pathologien wie z. B. Zysten, Tumore, etc. erkennbar sind. Die normalen intraoralen Röntgenaufnahmen und die Fernröntgenaufnahmen dienen für zephalometrische Untersuchungen und Analysen, um Skelettanomalien festzustellen.

Die Zusammenarbeit mit dem Rehabilitationsarzt und der Logopädin bzw. Krankengymnastin für das gemeinsame Festlegen von Behandlungszielen ist unumgänglich, um mit herausnehmbaren Geräten diese orofaziale Therapie zu erleichtern oder zu unterstützen. Die Behandlung wird individuell auf die Behinderung und das Verhalten des Patienten abgestimmt, wobei die Mithilfe des Patienten und seiner Eltern erforderlich ist.

Kräftegleichgewicht

Die Zahnelemente sind ständigen Kräften aus allen Richtungen ausgesetzt.

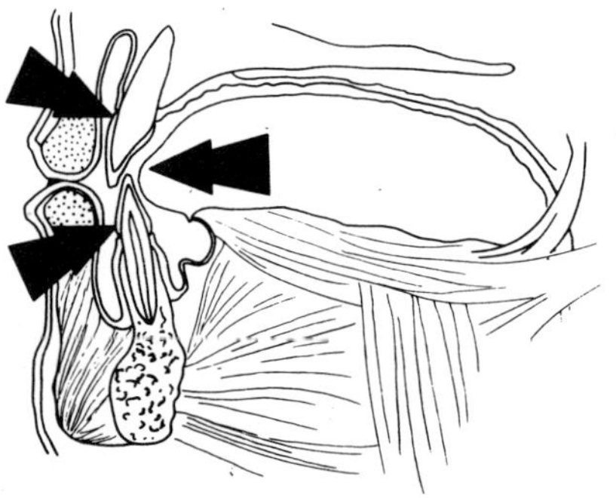

Abb. VIII/1: Muskelkräfte, denen die Zähne ausgesetzt sind. Die vorderen Schneidezähne unterliegen der Aktivität der Zunge und der Lippen, die Backen- und Mahlzähne der des M. buccinator und der Zunge (Skizze aus Manual de Ortodoncia, Dr. Robert Moyers).

Diese Kräfte, die von Muskeln, antagonistischen und benachbarten Zahnelementen hervorgerufen werden, sind ein wichtiger Faktor für die Stellung der Zähne und das Wachstum der Alveolarknochen.
Ist eine Kraft vermindert oder nicht vorhanden, überwiegt die antagonistische Kraft, welche somit ohne Gegenkraft auf Zähne und Alveolarknochen einwirkt. Wenn z. B. die Kraft der Lippen auf die Zähne insuffizient ist, wird die Aktivität der Zunge auf die Zähne eine Inklination der Zähne nach labial bewirken.
Dies ist besonders bei neurologischen Krankheitsbildern im Hinblick auf Diagnostik, Prävention und Behandlung der Pathologie zu beachten.

Apparative Versorgung

Wir behandeln aus verschiedenen Gründen mit herausnehmbaren Geräten:

– Die Hygiene ist einfacher. Für die Eltern, Pflegepersonen oder den Patienten selbst ist es leichter, die Zähne bzw. den herausnehmbaren Apparat zu säubern. Dies ist ein wichtiger Aspekt, da die Einhaltung der Hygiene weitere Probleme verhindern helfen kann. Bei Kindern mit Down-Syndrom oder zerebralen Bewegungsstörungen, die bestimmte Medikamente gegen Krampfanfälle einnehmen müssen, verstärkt sich oft der Bakterienfilm, setzt sich fest, und die Zahnfleischstörungen bzw. -erkrankungen nehmen zu.

- Die Kontrolle von herausnehmbaren Apparaten ist für den Patienten weniger störend und kann in größeren Abständen erfolgen.

Wir unterscheiden bei den herausnehmbaren Apparaten zwei verschiedene Gruppen:

- funktionelle Geräte und
- kieferorthopädische Platten mit Halteelementen.

Unter die funktionelle Gruppe fallen

- der Aktivator (Monoblock), von Haberfellner modifiziert, und der von Rossiwal mit Stimulatoren im oberen und unteren Mundvestibulum.

  Dieser Apparat wird oft bei Kindern mit zerebralen Bewegungsstörungen verwendet, mit dem Ziel, den Mundschluß zu verbessern und den Speichelfluß zu verringern. Bei mehreren Patienten konnte eine Verbesserung erzielt werden, doch bei Patienten mit wenig Kooperation gibt es Schwierigkeiten, da der Apparat sehr leicht mit der Zunge aus dem Mund gestoßen werden kann.

Abb. VIII/2:
Monoblock, modifiziert von Haberfellner.

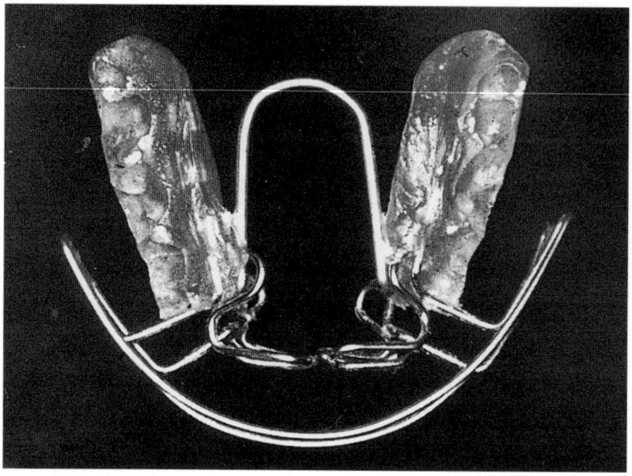

Abb. VIII/3: Elastischer Aktivator nach Klammt, von oben gesehen. In diesem Fall hatte der Patient keine Eckzähne; deshalb setzten wir eine interokklusale Ebene zwischen den oberen und unteren Molaren ein.

– der offene, elastische Apparat nach Klammt.

  Dieser Apparat besteht aus zwei lateralen Acrylteilen. Sie sind mit einem Gaumenbogen aus Draht mit einem Durchmesser von 1,2 mm und einem oberen und unteren Lippenbogen aus Draht mit einem Durchmesser von 0,9 mm verbunden.

  Die Acrylteile sind in Kontakt mit den Innenflächen der hinteren Zähne, den angrenzenden Schleimhäuten und der Zunge. Wenn es erforderlich ist, können die die Bewegung führenden Teile an die den Zähnen angrenzenden Flächen angebracht werden.

  An die linguale Seite der Zähne werden frontale Teile angebracht, die je nach klinischem Erscheinungsbild abgeändert werden. Das gleiche geschieht mit dem Anbringen von Plättchen im oberen bzw. unteren Mundvestibulum, da es bei einigen Fällen notwendig ist, die Lippen von den Zahnreihen zu entfernen.

  Diese Elemente können während der ganzen Therapie modifiziert oder ersetzt werden, angepaßt an die Veränderungen des Patienten.

  Diesen Apparat haben wir mit gutem Erfolg bei Kindern mit Down-Syndrom und anderen Hypotoniesyndromen verwendet. Die zwei seitlichen Acrylplatten zwischen den hinteren Zähnen und der Zunge erwiesen sich bei diesen Kindern als günstig, da sie in Ruhe und beim Sprechen oft eine tiefe Zungenlage haben.

Abb. VIII/4: Typische tiefe Zungenlage bei Kindern mit Down-Syndrom und anderen Krankheitsbildern, die mit Hypotonie einhergehen.
(Zeichnung G. Oviedo)

Mit der Veränderung der Durchmesser der seitlichen Teile kann die Zunge in eine korrektere Position und in Kontakt mit dem Gaumen gebracht werden.

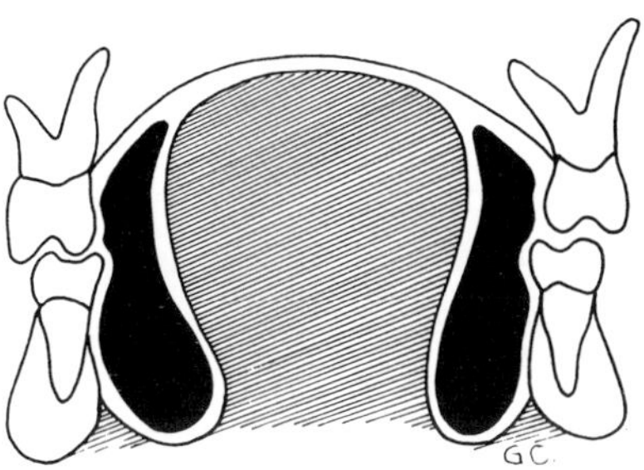

Abb. VIII/5: Indem der Durchmesser des unteren Drittels der seitlichen Acrylteile verstärkt wird, verbessert sich die Zungenlage und damit die Funktion.
(Zeichnung G. Oviedo)

Die vorderen Teile hinter den Frontzähnen verhindern die interdentale Zungenlage in Ruhe sowie beim Schlucken, durch die sich bei Bestehenbleiben ein vorderer offener Biß bzw. eine labiale Inklination der Zähne entwickeln kann.
Der Gaumen und die Schleimhäute sind frei für den Kontakt mit der Zunge, die in eine höhere neue Position gebracht wurde, was ein Anbahnen eines physiologischen Schluckens erleichtert und das Schluckmuster langsam verändert. Außerdem ist der Apparat eine Hilfe bei bestimmten Übungen innerhalb der Logopädie.
Der Apparat nach Klammt bietet uns eine Vielzahl an Möglichkeiten der Veränderung. Es können Acrylstimulatoren im oberen und unteren Mundvestibulum angebracht werden. Das ist hilfreich im Falle eines atypischen Schluckmusters oder bei hypertonem M. orbicularis oris, der ein Wachstum der oberen Alveolarknochen (Klasse III nach Angle) oder der unteren Alveolarknochen (Klasse II nach Angle) verhindern würde.

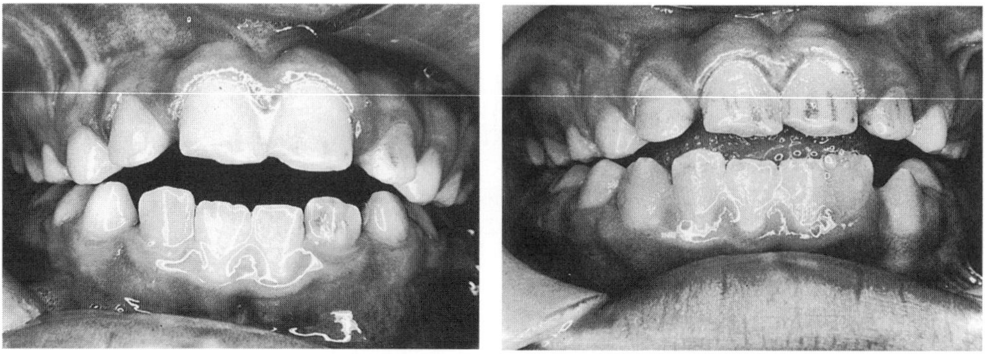

Abb. VIII/6 (links): Vorderer offener Biß, aufgrund interdentaler Zungenlage, bei achtjährigem Mädchen. Es wurde ein Klammtapparat eingesetzt. Das Mädchen benutzte ihn nur beim Schlafen.
Abb. VIII/6 (rechts): Gleiches Mädchen 8 Monate später. Verbesserung des offenen Bisses.

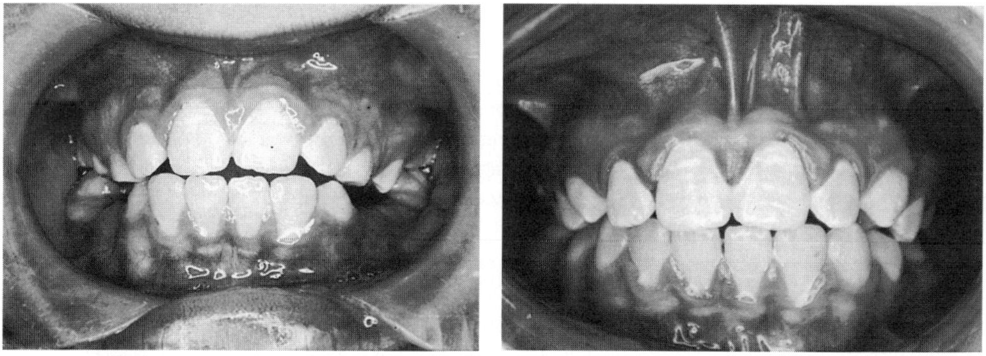

Abb. VIII/7 (links): Patient mit Zerebralparese mit interdentaler Zungenlage. Es wurde ein Klammtapparat eingesetzt.
Abb. VIII/7 (rechts): Gleicher Patient 18 Monate später.

Unter die kieferorthopädischen Platten mit Halteklammern fallen

– die Acrylplatten nach Schwarz, deren Halteklammern mit verschiedenen Stimulationselementen versehen werden können, die der Rehabilitationsarzt oder der Therapeut aus funktioneller Sicht für sinnvoll erachten. Diese Elemente können Knöpfe, Stimulationsleisten, Perlen, Plättchen, Rillen etc. sein.
  Diese Platten sind sehr nützlich bei Patienten, denen ein funktioneller

Apparat leicht aus dem Mund fällt, oder die aus anderen Gründen keinen solchen benutzen können.
Aufbau der Platten nach Schwarz: sie werden angefertigt mit Halteklammern von 0,7 mm Durchmesser; die Gaumenplatte besteht aus autopolimerisablem Acryl.
Dieses Acrylteil wird so dünn und klein wie möglich angefertigt. An der Seite liegt es dem palatinalen Rand der hinteren Zähne und der umliegenden Schleimhäute an. Der vordere Anteil des Gaumens bleibt frei (ohne Acryl), es werden nur zwei Drähte hinter den Schneidezähnen angebracht.
In der Mittelinie des Acrylteils wird eine Expansionsschraube angebracht, um einen hinteren oder bilateralen Kreuzbiß zu korrigieren oder das Wachstum des Oberkiefers zu beeinflussen.
Am hinteren Rand wird diese Platte etwas ausgeschnitten, damit sie etwas vom Gaumensegel entfernt bleibt und somit bequem zu tragen ist.

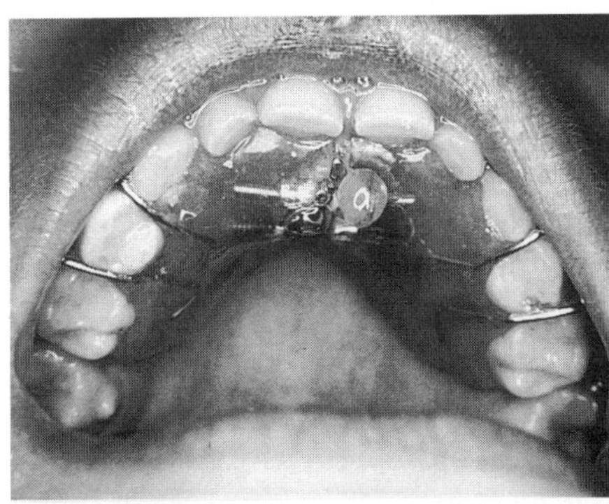

Abb. VIII/8: Herausnehmbare Gaumenplatte mit mobiler Perle im vorderen Bereich.

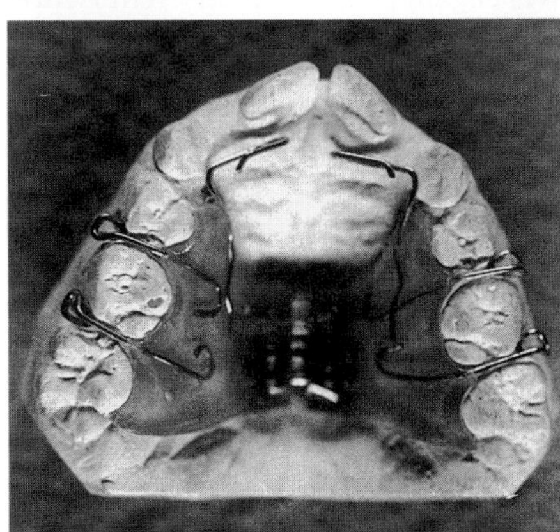

Abb. VIII/9: Modifizierte Gaumenplatte für eine bessere Zungenlage am Gaumen.

Orofaziale Regulation beim Kind mit Down-Syndrom mit Hilfe einer Gaumenplatte

RODOLFO CASTILLO MORALES

Die ersten Erfahrungen mit Gaumenplatten sammelte ich in den Anfängen meiner Arbeit als Rehabilitationsarzt bei Kindern mit Kiefer-Gaumen-Spalten. Ich beobachtete bei ihnen, daß sich ihre Zunge aus kompensatorischen Gründen nach oben orientierte, um die Öffnung zwischen der Mundhöhle und den Nasengängen zu verschließen. Nach dem Einsetzen einer Gaumenplatte, natürlich ohne Stimulator, senkte sich die Zunge und nahm die physiologische etwas nach vorn verlagerte Haltung wie bei einem Säugling an.

Angeregt vor diesen Beobachtungen überlegte ich, welche Wirkung eine Gaumenplatte mit Stimulationsknopf bei Kindern mit Down-Syndrom haben könnte. Der Stimulationsknopf sollte ein Punctum fixum für ihre Zunge bilden und die Zunge zur Kontraktion nach hinten/oben anregen. Auf diese Weise sollte die Zunge ein besseres funktionelles Bewegungsmuster erreichen. Mit dieser Idee des »Zungentrainings« nannte ich die Platte zuerst »Erinnerungsplatte«.

Die Gaumenplatte wurde in der Kieferorthopädie zu diesem Zeitpunkt schon mehrere Jahre mit verschiedenen Kriterien verwandt. Wir modifizierten die Platte nur für die Anwendung bei Kindern mit Down-Syndrom. Das war bis zu diesem Zeitpunkt noch nicht in Betracht gezogen worden.

Wir begannen 1975 in unserem Zentrum, die Platten in die Behandlung von Kindern mit Down-Syndrom einzubeziehen, mit ausschließlich funktionellen Kriterien. Wie bei der orofazialen Therapie, wird auch vor der Behandlung mit einer Platte von einer präzisen Indikation ausgegangen mit grundlegendem Wissen über die Pathologie des Down-Syndroms.

Plattenmaterial: autopolimerisables Acryl.

1. Plattenherstellung

Von jedem Patienten wird ein Gaumenabdruck genommen. Für diesen Vorgang muß eine passende Haltung bei jedem Patienten gefunden werden. Wenn es sich um kleine Kinder handelt, so läßt man sie auf dem Schoß der

Mutter, den Kopf in der Ellbogenbeuge der Mutter. Der Kieferorthopäde setzt sich an das Kopfende hinter das Kind. Während die Mutter mit dem Kind spricht, neigt sie den Körper des Kindes nach hinten in Richtung Arzt.

Es entsteht eine geringe schiefe Ebene mit Kopf nach unten, was die Mund- und Kieferöffnung begünstigt. In dieser Stellung wird der Abdrucklöffel mit dem Abdruckmaterial in den Mund des Kindes geführt, der Kopf in eine leichte Flexion gebracht und gewartet, bis das Material fest ist. Der ganze Vorgang dauert etwa drei Minuten. Von diesem Abdruck wird ein Gipsmodell hergestellt, nach dem die Platte angefertigt wird.

Bei größeren Kindern ist es ratsam, einen Extratermin vor dem Abdruck zu vereinbaren, um den Kindern eventuelle Ängste davor zu nehmen. Sie sollen mit dem Abdrucklöffel und einer fertigen Platte schon vorher spielen dürfen, um die Angst vor diesen fremden Materialien zu verlieren. Es muß jedem Kind erklärt werden, was innerhalb ihres Mundes mit dem Löffel geschehen wird. Die affektiv-emotionale Entwicklung von Kindern mit Down-Syndrom ist unabhängig von ihrem Intelligenzquotient, und wir dürfen nie vergessen, erst einen guten Kontakt zum Kind herzustellen, bevor wir ihm nahekommen.

Das vom Kieferorthopäden ausgewählte Plattenmaterial muß dünn sein, um keinen unnötigen Platz im sowieso schon kleinen Mundraum wegzunehmen. Die seitlichen Ränder der Platte müssen gut hochgezogen sein, damit die Platte einen sicheren Halt erfährt. Vorne in der Mitte der Platte wird eine kleine Einkerbung ausgespart, um den Kontakt mit dem Oberlippenbändchen zu verhindern. Die Oberlippenstimulatoren müssen hoch genug angesetzt sein, um sowohl die labialen als auch die marginalen Fasern der oberen Hälfte des M. orbicularis oris zu stimulieren, und dürfen seitlich nicht über die Nasen-Lippenfurche hinausreichen.

Der Stimulationsknopf am Gaumen sollte so weit hinten wie möglich angebracht werden, in der Mitte an der Grenze vom harten zum weichen Gaumen. Die Höhe des Knopfes sollte 3 bis 4 mm nicht überschreiten, und einen Durchmesser von etwa 5 bis 7 mm haben. Im zentralen Teil ist der Knopf tief ausgehöhlt, um den gewünschten Vakuumeffekt zu erzeugen.

Bei speziellen Fällen von Kindern mit einer Zungendiastase wird ein ovaler Stimulationsknopf angebracht mit größerem transversalem Durchmesser, so daß die Diastase in ihrem gesamten Umfang in die Stimulationszone eingeschlossen ist. Der transversale Durchmesser darf nicht weniger als 8 mm

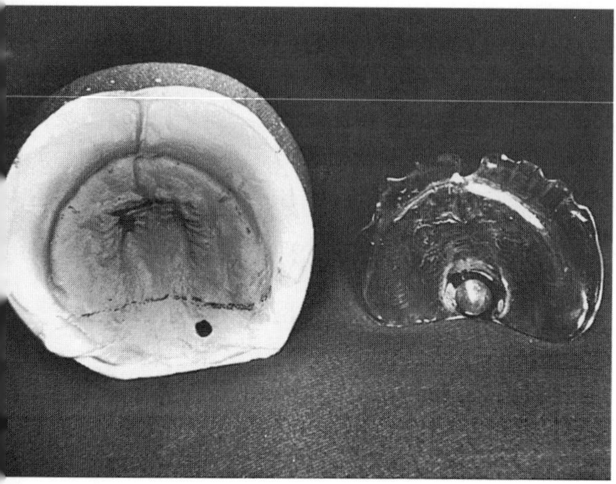

Abb. VIII/10: Gipsabdruck des Gaumens, des Zahnfleisches und der vestibulären Zone. Die hintere quere Linie zeigt den Rand der Platte an. Platte mit rundem Stimulationsknopf und vestibulären Stimulatoren.

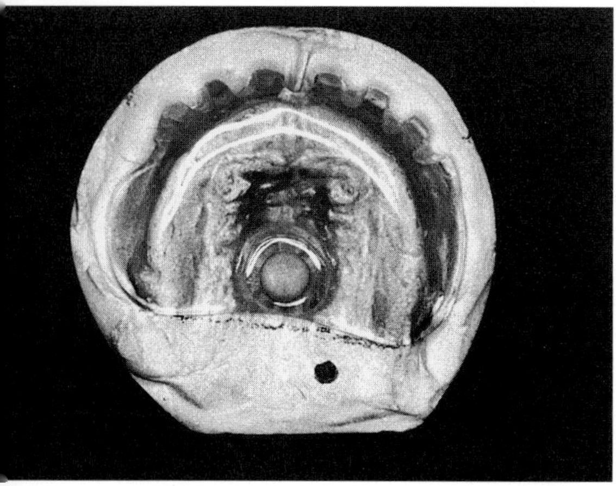

Abb. VIII/11: Gipsabdruck mit Platte, an welcher die Zone des Oberlippenbändchens ausgespart ist.

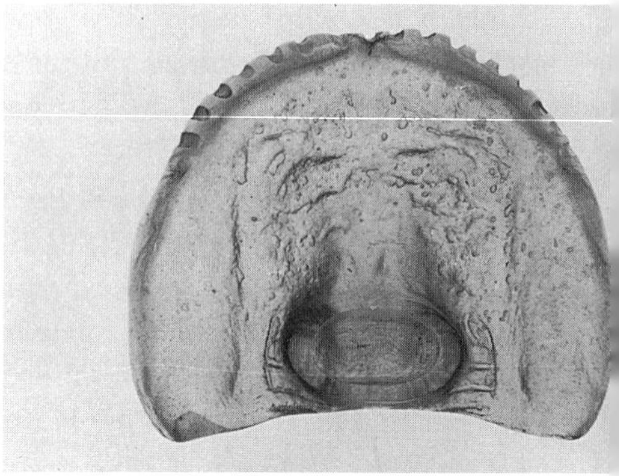

Abb. VIII/12: Gaumenplatte mit ovalem Stimulationsknopf und vestibulären Stimulatoren.

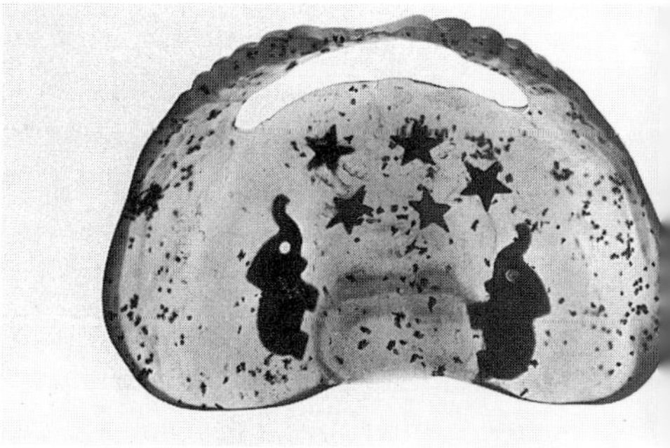

Abb. VIII/13: Gaumenplatte von der lingualen Seite her gesehen, mit ovalem Stimulationsknopf, vestibulären Stimulatoren und Fenster für die Zähne. (Foto: Dr. Hoyer, Hamburg)

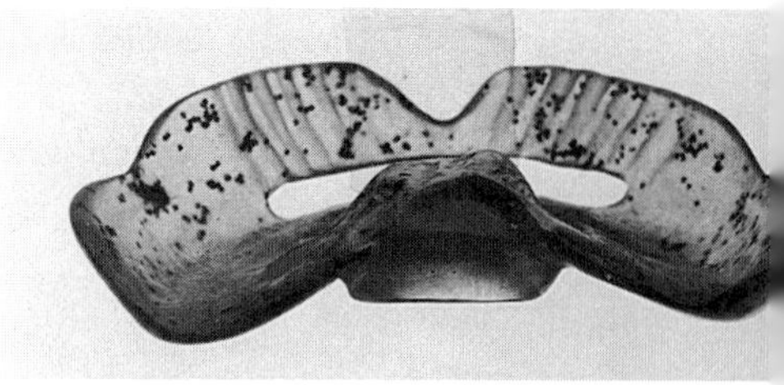

Abb. VIII/14: Gleiche Platte von der palatinalen Seite her gesehen.

umfassen. Würde anstelle des ovalen Knopfes ein runder angebracht, würde die Pathologie der Zungendiastase verstärkt.
Die Stimulationszone mit dem Knopf im hintersten mittleren Anteil der Platte darf nicht verändert werden. Zu Beginn unserer Arbeit mit den Platten änderten wir die Stimulationszone alle drei Monate und verlagerten sie langsam nach vorne. Dies führte zu Mißerfolgen, da die Zunge wieder anfing zu protruieren.
Bei Kindern, die sich schnell an den Stimulus am Gaumen anpassen, wird eine zweite Platte angefertigt. Die Form des Knopfes wird modifiziert (z. B. Blume, Stern), die Grundstruktur bleibt jedoch die gleiche. Diese zwei Platten werden, über den Tag verteilt, abwechselnd eingesetzt. Platten mit Perlen als Stimulationsobjekte verstärken die Pathologie.

2. *Gewöhnung an die Platte*

Das Einsetzen der Platte muß sehr vorsichtig und mit Gefühl vollzogen werden. Es darf vom Kind auf keinen Fall als aggressiver Akt empfunden werden. Bei einigen Fällen raten wir, das erstmalige Einsetzen der Platte morgens, während das Kind schläft, vorzunehmen. Größeren Kindern gibt man die Platte erst zum Spielen und erklärt ihnen währenddessen den Sinn der Platte. Viele Kinder setzen sich alleine die Platte ein und nehmen sie auch wieder alleine heraus.
Die Platte wird über den Tag verteilt etwa 4 bis 6 Stunden eingesetzt, mit Pausen von ca. 2 Stunden. Während des Essens wird die Platte im Normalfall herausgenommen, um nicht die sensoperzeptuellen Erfahrungen zu stören. Während des Nachtschlafens raten wir auch, zur Beruhigung der Eltern, die Platte nicht einzusetzen.
Im ersten Lebensjahr sind bei einer kompletten Plattenbehandlung vier Platten nötig. Die Erneuerung erfolgt ca. alle drei Monate, abhängig vom Wachstum und der Entwicklung jedes einzelnen Kindes.
Die Plattenkontrolle durch ein qualifiziertes Team ist unerläßlich und verbunden mit einer regelmäßigen Anpassung des orofazialen Behandlungsprogrammes. Wir halten eine Plattenindikation ohne zusätzliche orofaziale Behandlung für sinnlos.
Die Eltern müssen genau über die Zielsetzung der Therapie mit der Platte informiert sein, auch über mögliche unerwünschte Reaktionen. Sollten die Eltern letztere bemerken, ist es wichtig, daß sie sofort einen Kontrolltermin vereinbaren.

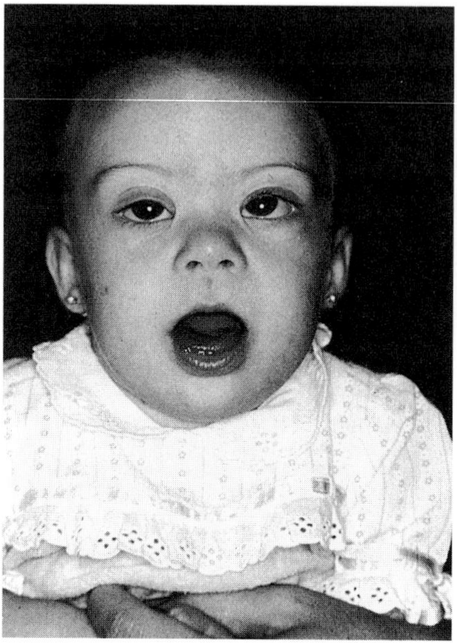

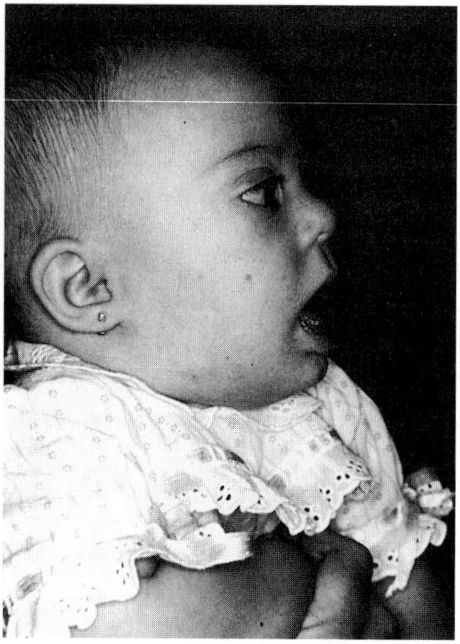

Abb. VIII/15 (links): Kind mit Down-Syndrom, Hypotonie der mimischen Muskulatur und der Unterkieferheber (die die gesenkte Mandibula bewirken), protruierte Zunge, mit mittlerer Eindellung, die sich auf der Unterlippe aufstützt.
Abb. VIII/16 (rechts): Gleiches Kind im Profil gesehen. Deutliche Protrusion der Zunge und starkes Abstützen der Zunge auf der Unterlippe.
Abb. VIII/17 (unten links): Stufengaumen, ausgeprägte Gaumenfalten, breite Zunge, die seitlich über die Alveolen hinausragt.
Abb. VIII/18 (unten rechts): Eingesetzte Platte beim gleichen Kind. Die Zunge orientiert sich sofort nach hinten.

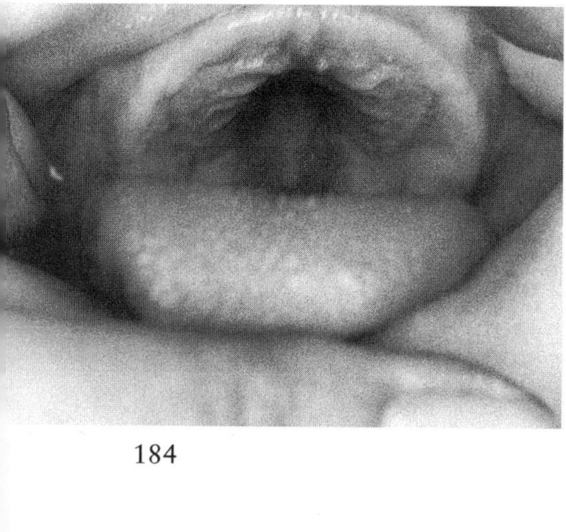

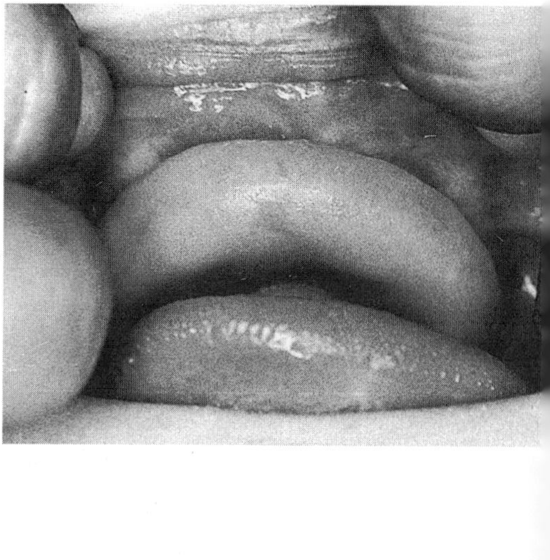

Eine exakt angefertigte Platte haftet gut am Gaumen; nur in ganz wenigen Ausnahmefällen werden Haftmittel zu Hilfe genommen und die Eltern darauf hingewiesen, daß diese den Speichelfluß erhöhen.
Mit dem Durchbrechen der Zähne werden Perforationen in der Platte notwendig. In einigen Fällen kann die kieferorthopädische Behandlung für einen bestimmten Zeitraum unterbrochen werden.
Die Indikation für eine Platte muß exakt sein mit klaren Kriterien und Zielen. Die Platte wird von uns nie als Prophylaxe eingesetzt, da es im frühen Säuglingsalter unmöglich ist, die Entwicklung des Kindes vorauszusagen.
Bei größeren Kindern, mit komplettem Zahndurchbruch, werden Halteklammern aus Metall an der Platte angebracht.
Seit neuestem werden in Deutschland Platten aus Tiefziehfolie hergestellt. Dieses Material erlaubt es, daß die Platte die Zähne total überdeckt. Auf diese Weise kann der Zeitraum bis zum Anfertigen einer neuen Platte verlängert werden.
Bei älteren Kindern kann die Plattenbehandlung mit anderen kieferorthopädischen Behandlungen kombiniert werden wie z. B. Gaumenexpansionen.

Abb. VIII/19 (links): Profilansicht. Die Lippenstellung ist sehr viel besser, es verändert den ursprünglichen Gesichtsausdruck des Kindes.
Abb. VIII/20 (rechts): Kind von vorne gesehen mit eingesetzter Platte, die die Zungenmuskulatur aktiviert und die Oberlippe nach vorne bringt.

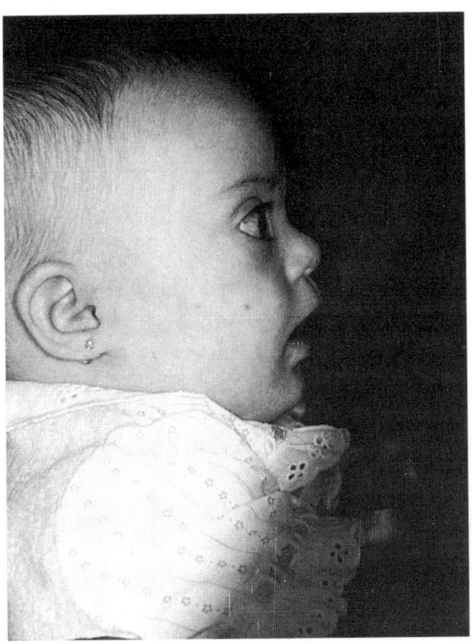

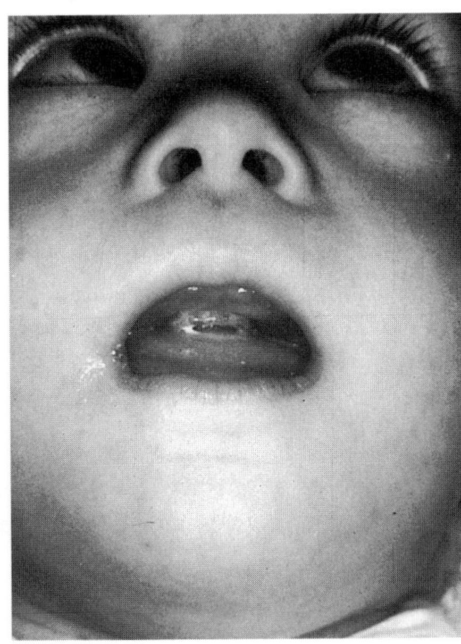

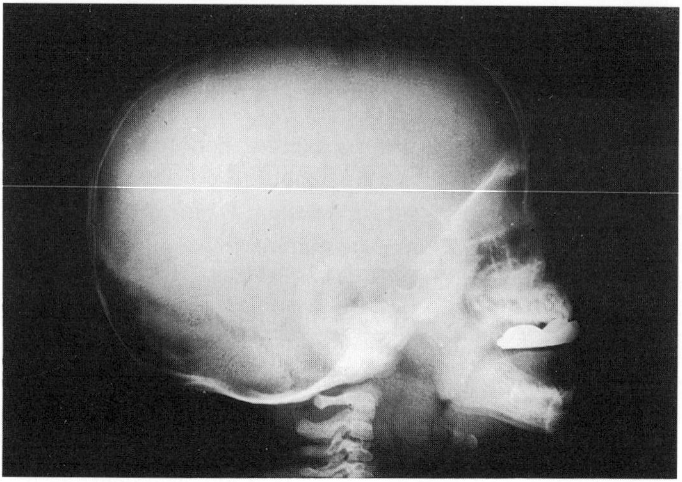

Abb. VIII/21: Röntgenaufnahme: Man sieht, wie die Platte am Gaumen sitzt und wie sich die Zunge nach oben/hinten orientiert.

3. *Ziele bei Anwendung einer Gaumenplatte*

- Kontraktion der Zunge nach innen/hinten/oben. Die Zunge bekommt einen besseren Kontakt mit dem Gaumen; auch die Zungenspitze wird gehoben;
- Vorverlagerung der Oberlippe; dadurch Verbesserung der Stellung von der Ober- zur Unterlippe. Aktivieren der kontraktilen Elemente der Oberlippe;
- Heben der Mundwinkel in eine horizontalere Stellung durch die Aktivierung der Mm. levator anguli oris und zygomaticus major und minor;
- Förderung der Nasenatmung durch die höhere Zungenstellung und den Lippenkontakt;
- Annäherung an ein physiologisches Saug- und Schluckmuster durch die verbesserte Lippen- und Zungenstellung;
- Verminderung der Mandibulaprotrusion, da die Zunge sich nicht mehr auf der Unterlippe aufstützt und nach vorne stößt.

Indikationen

- Bei breiten, hypotonen Zungen mit interdentaler oder interlabialer Zungenlage, die über mehrere Stunden am Tag persistiert;
- Bei Zungen mit Diastase und zusätzlicher Protrusion;
- Bei hypotoner, wenig aktiver Oberlippe, die hinter der Unterlippe liegt und deren seitliche Anteile sehr fein sind.

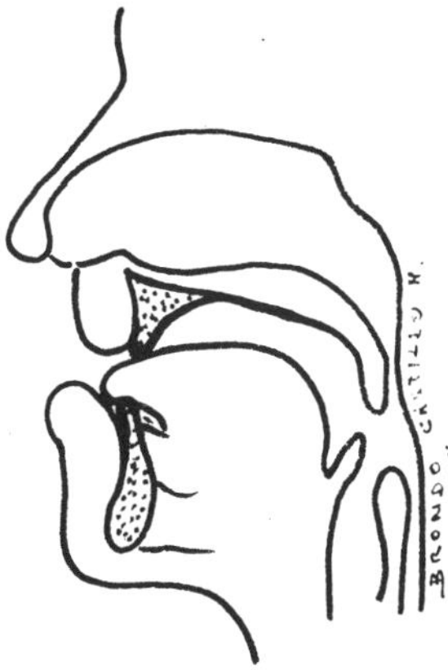
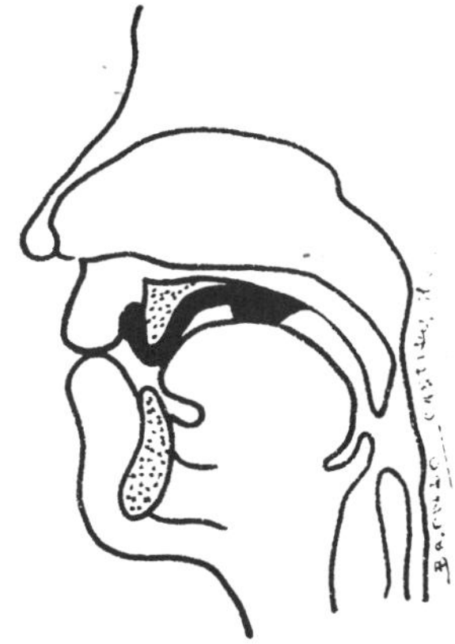

Abb. VIII/22 (links): Sagittalschnitt durch die Mundhöhle eines Kindes mit Down-Syndrom. Die Mandibula ist nach vorne/unten verlagert, die Zunge auf dem Zahnfleischrand und der Unterlippe, die Oberlippe kurz und nach hinten verlagert.
(Zeichnung Brondo/Castillo Morales)
Abb. VIII/23 (rechts): Nach Platteneinsatz. Die Zunge geht nach hinten/oben, der Zungenrücken ist in Kontakt mit dem Stimulationsknopf. Gute Lippenstellung.
(Zeichnung Brondo/Castillo Morales)

4. *Häufigste Ursachen für das Scheitern der Anwendung der Gaumenplatte*

- Zu schnelle oder inkorrekte Diagnostik;
- Anwendung bei echten makroglotischen Zungen. In diesen Fällen nimmt die Platte der Zunge Raum im Mund weg;
- Ein runder Stimulationsknopf bei einer Zunge mit Diastase;
- Der Knopf befindet sich nicht am hintersten Rand, in der Mitte der Platte;
- Zu kurze Platte. Auf diese Weise befindet sich der Knopf zu weit vorne;
- Schlecht geformter Knopf, ohne die vorher beschriebenen Kriterien (z. B. zu hoch oder ohne zentrale Perforation);
- Zu dicke Platte, die zuviel Mundraum ausfüllt;
- Zu niedrige seitliche vestibuläre Plattenränder, die der Platte keinen Halt geben. Die Platte kann durch das Anspannen des Buccinatormechanismus aus dem Mund gestoßen werden;
- Plattenverordnung bei einem Kind mit Mundatmung, dessen obere Luftwege durch eine obstruktive Pathologie verlegt sind;
- Anbringen von mobilen Perlen in der Mitte der Platte. Beim Kind mit Down-Syndrom persistieren, wie wir schon oben erwähnten, die primären Zungenbewegungen, die kraftvoller sind als bei anderen Kindern. Mit der Perle werden diese kraftvollen primären Bewegungen durch exterozeptive

und propriozeptive Stimulation sowie die Zungenprotrusion mit Zungenstoß nach vorne noch stärker stimuliert. Bei älteren Kindern kommt es zu anderen Schwierigkeiten beim Anbringen einer Perle an die Platte. Die Perle motiviert das Kind, mit der Zungenspitze oder mit den Fingern im Mund an ihr zu spielen, was das Einschleifen von Stereotypien begünstigt.
- Bei irrtümlicher Annahme, daß mit dem Einsetzen der Platte die Sprache stimuliert wird;
- Die Anwendung der Platte aus ästhetischen Gründen erfüllt keine Funktion.

Ein Scheitern ist ebenfalls zu erwarten beim Einsetzen einer Platte in bestimmten Entwicklungsetappen des Kindes, die typisch sind für ein physiologisches Protruieren der Zunge, z. B.:
- Wenn das Kind die Zunge zwischen dem 6. und 10. Lebensmonat als taktiles Organ benutzt, um Gegenstände zu erforschen;
- Bei interkurrenten Pathologien;
- Wenn mehrere Zähne zur gleichen Zeit durchbrechen;
- Bei ständiger Erschöpfung. Gleichzeitig ist abzuklären, ob der Erschöpfungszustand in direktem Zusammenhang mit häufig auftretenden kongenitalen Kardiopathien steht;
- In Entwicklungsetappen mit vorherrschender Extensionstendenz ist der Mund häufiger offen und die Zunge neigt mehr zur Protrusion. Bei Kindern mit Down-Syndrom ist dies zwischen dem 12. und 16. Lebensmonat zu beobachten.

5. *Orofaziales Behandlungsprogramm im Zusammenhang mit der Platte*

Jede Platte, die nach diesen Kriterien entwickelt wurde, schließt ein begleitendes Behandlungsprogramm ein. Wir haben bereits oben erwähnt, daß die Platte nur ein weiteres Hilfsmittel ist im gesamten integrativen Rehabilitationsprozeß dieser Patienten. Das Behandlungsprogramm wird entworfen nach einer funktionellen Befundaufnahme mit dem Feststellen der Hauptprobleme dieses Patienten. Es werden Übungen zusammengestellt, im Hinblick auf das Alter des Kindes und die Funktionen, die wir beeinflussen möchten. Das Behandlungsprogramm muß kurz und klar verständlich sein. Die Eltern müssen angeleitet werden für die Durchführung dieses Programmes zu Hause. Die Grundlage dafür ist eine Anleitung im Handling für hypotone Kinder aus unserem Konzept.

Literatur

Amiel-Tison, C. u. *Grenier, A.:* Valoración neurológica del recién nacido y del lactante. Edit. Masson, 1984.

Avalle, C., Fischer-Brandies, H., Teschke, R. u. *Schmid, R. G.:* Frühbehandlung der muskulären Fehlfunktionen im Mundbereich nach Castillo-Morales bei Kindern mit Morbus Down. Münch. med. Wschr. 126 (1984) Nr. 18.

Avalle, C., Fischer-Brandies, H. u. *Schmid, R. G.:* Zur Mundtherapie bei Zerebralparese (nach der Konzeption von Castillo-Morales). Sozialpädiatrie in Praxis und Klinik 7, Nr. 3, 116–121 (1985).

Avalle, C., Fischer-Brandies, H., Schmid, R. G.: Zu Mundmotorik und Mundtherapie bei Zerebralparese (nach der Konzeption von Castillo Morales). Kinderheilk. (1986) 134: 32–36.

Bobath, B.: Actividad postural refleja anormal causada por lesiones cerebrales. Edit. méd. Panamericana, 1973.

Bobath, B. u. *Bobath, K.:* Desarollo motor en distintos tipos de parálisis cerebrales. Edit. méd. Panamericana, 1976.

Bobath, K.: Base neurofisiológica del tratamiento de la parálisis cerebral. Edit. méd. Panamericana, 1982.

Bobath K. u. B.: The Neuro-Developmental-Treatment. In: D. Scrutton (Herausg.) »Management of the Motor Disorders of Children with Cerebral Palsy«; Spastics International Medical Pulications; Oxford: Blackwell Scientific Publicacions Ltd.

Bosma, J. F.: Deglutition: Pharyngeal stage. Physiological Reviews 37, 1957, 275–300.

Bosma, J. F.: Maturation of function of oral and pharyngeal region. Amer. J. Orthodont. 49, 1963, 94–104.

Bosma, J. F.: Sensorimotor Examination of the Mouth and Pharynx. Front. Oral Physiol., Vol. 2 pp., 78–107 (Karger, Basel, 1976).

Brodie, A. G.: The relation of glosso-pharyngeal complex to orthodontic therapy: growth aspects. Presented to the American Association of Orthodontists, Los Angeles May 1962.

Castillo-Morales, R.: Trattamento precoce delle lesioni neurologiche con stimulationi riflesse e Punti Motori. Verduci Editori–Italien, 1978.

Castillo-Morales, R.: Neuromotorische Entwicklungstherapie. Documenta Pädiatrica, Separata aus »der kinderarzt«. Hansisches Verlagskontor, Lübeck, 1978.

Castillo-Morales, R., Crotti, E., Avalle, C. u. *Limbrock, J.:* Orofaziale Regulation beim Down-Syndrom durch Gaumenplatte. Sozialpädiatrie 4. Jg. (1982) Nr. 1.

Castillo-Morales, R., Renner, B., Teschke, R., Avalle, C. u. *Schmid, R. G.:* Erste Erfahrungen mit der Frühbehandlung der orofazialen Pathologie bei Down-Syndrom durch Gaumenplatte und mundmotorische Stimulationstherapie. Sozialpädiatrie 5. Jg. (1983) Nr. 4.

Castillo-Morales, R., Avalle, C. u. *Schmid, R. G.:* Possibilitá di trattamento della patologia orofaciale nella sindrome di Down con la placca di relazione motoria. Rivista di Pediatria Preventiva e Sociale – Nipiologica. Edizioni Minerva Medica, 1984.

Crickmay, M. C.: La logoterapia e 1. approccio dei Bobath alla paralisi cerebrale infantile. Ed. Brenner, Cosenza, Italien, 1977.

Cunningham, D. P. u. *Basmajian, J. V.:* Elektromyography of Genioglossus and Geniohyoid Muscles During Deglutition. The Anatomical Record, Vol. 165, 1969.

Davies, P.: Steps to Follow; Based on the Concept of K. and B. Bobath. Springer-Verlag, 1985.

De Myer, W.: Técnica del examen neurológico. Edit. méd. Panamericana, Bs. As. 1974.

Draf, U.: Mundmotorik-Diagnose bei Kindern mit Sprachentwicklungsstörungen. »der kinderarzt« 6. Jg. (1975) Nr. 5.

Faller, A.: Der Körper des Menschen. Einführung in Bau und Funktion. Georg Thieme Verlag, Stuttgart, 1974.

Farriaux, J. P. et *Milbled, G.:* Physiologie de la deglutition; bol semiliquide, bol liquide. La Presse Medicale, N. 7, 6 Fevrier 1965.

Farriaux, J. P. et *Milbled, G.:* Physiologie de la deglutition; la succion-deglutition chez la nouveau-ne. Le mecanisme nervex de la deglutition. La Presse Medicale, N. 8, 13 Fevrier 1965.

Fischer-Brandies, H. Schmid, R. G. and *Fischer-Brandies, E.:* Craniofacial development in patients with Down's syndrome from birth to 14 years of age. European Journal of Orthodontics 8 (1986) 35–42.

Fischer-Brandies, H., Avalle, C. and *Limbrock, J.:* Therapy of orofacial dysfunctions in cerebral palsy according to Castillo-Morales: first results of a new treatment concept. European Journal of Orthodontics 9 (1987) 139–143.

Fränkel, R.: Die Dynamik des Interokklusalen Unterdruckes. Dtsch. Zahnärztl. Zeitschr. 22: 1282, 1967.

Fränkel, R. u. *Falck:* Zahndurchbruch und Vererbung beim Deckbiss. Fortschr. Kieferorthopädie 28: 175, 1976.

Fränkel, R. u. *Fränkel, C.:* Funktionelle Aspekte des Skelettalen offenen Bisses. Fortschr. Kieferorthopädie 43 (1982), 8–18, Nr. 1.

Fundación Obligado: Sindromes de parálisis cerebral. IV. Jornadas Nacionales de Parálisis Cerebral. Ed. Panamericana, Buenos Aires, Argentinien, 1978.

Garliner, D.: Myofunktionelle Therapie in der Praxis. Verlag Zahnärztlich-medizinisches Schrifttum. München, 1982.

Gentz, A.: Zahnärztliche Frühbetreuung geistig behinderter Kinder – I. Teil. ZWR, 84. Jg. 1975, Nr. 15.

Haberfellner and *Rossiwall:* Appliances for treatment of Oral sensori-motor Disorders. American Journal of Physical Medicine, Vol. 56, Nr. 5.

Hoyer, H.: Mongolismus und Kieferorthopädie: Frühe Behandlung ist oft erfolgreich. Zahnärztliche Mitteilungen Heft 18/86, 76. Jg.

Joppich, G. u. *Schulte, F. J.:* Neurología del recien nacido. Edit. Paz Montalvo, Madrid, 1973.

Kahle, W., Leonhardt, H. u. *Platzer, W.:* Taschenatlas der Anatomie; Bewegungsapparat. Georg Thieme Verlag, Stuttgart, 1978.

Klammt, G.: Der Elastisch-Offene Aktivator. Johann Ambrosius Barth, Leipzig, 1984.

Kleiss, C. u. *Kleiss, E.:* Zur Entwicklung der Muskelspindeln in der menschlichen Zunge. Zbl. Vet. Med. C. Anat. Histol. Embryol. 9, 73–88, 1980, Berlin–Hamburg.

Knott, M. u. *Voss, D.:* Facilitación neuromuscular propioceptiva. Edit. méd. Panamericana, Bs. As. 1974.

Laubender, E., Schübel, F., Hellbrügge, T. u. *Janson, I.:* Kiefer- und Gebißanomalien bei Kindern mit cerebralen Bewegungsstörungen. Dtsch. zahnärztl. Z. 30, 771–775, 1975.

Laubender, E. u. *Steger, E.:* Kiefer- und Gebißfehlentwicklung im Kindesalter. »der kinderarzt« 6. Jg. (1975), Nr. 15.

Leanderson, R. and *Persson, A.:* The effect of trigeminal nerve block on the articulatory EMG activity of facial muscles. Acta Otolaryng 74: 271–278, 1972.

Limbrock, J., Hesse, A. u. *Hoyer, H.:* Orofaziale Regulationstherapie nach Castillo-Morales bei Kindern mit zerebralen Läsionen. Fortschr. Kieferorthopädie 48 (1987), 335–339 (Nr. 5).

Limbrock, J. u. *Wirth, C.:* Mundtherapie für behinderte Kinder: Vorstellung der Konzepte nach Bobath und Castillo-Morales. Frühförderung interdisziplinär, 5. Jg., 168–182 (1986).

Luria, A. R.: Cerebro y Lenguaje. Edit. Fontanella, 1978.

Moyers, R. E.: Handbook of Orthodontics. Yearbook Med. Publ. Inc., Chicago, 1973.

Moyers, R. E.: Manual de Orthodoncia 3. Edicion. Edit. Mundi, 1976.

Moyers, R. E.: Skeletal contributions to occlusal development. In: The Biology of Occlusal Development, J. A. McNamara, Monograph 6, Craniofacial Growth Series, Center for Human Growth and Development, The University of Michigan, Ann Harbor, 1977.

Müller, H. A.: Spracherziehung beim cerebralgelähmten Kind. Pädiatrie und Pädologie, Band 2, 1966, Springer-Verlag.

Mumenthaler, M.: Neurologie. Georg Thieme Verlag, Stuttgart, 1982.

Nowaky, A. y Koster: Odontología para el paciente impedido. Edit. Mundi, Mai 1979.

Perelló, J., Ponces-Vergé, J. y L. Tresserra-Llauradó: Trastornos del habla. Edit. Científico Médica, 1977.

Raimbault, J., Le Moing, G. et Laget, P.: Etude electromyographique de la deglutition chez le jeune enfant. Ann. Pediat., 24, Nr. 6–7, 459–465.

Rebollo, M. A.: Neurología pediátrica. Delta Edit., Montevideo, 1978.

Rohen, J. W.: Funktionelle Anatomie des Menschen. Schattauer Verlag, Stuttgart, 1984.

Ross, A.: Zur Prognose und Therapie der idiopathischen Facialisparese. Z. Krankengymnastik (KG) 1973, Nr. 9.

Rouviére, H.: Anatomíia Humana. Edit. Bailly-Bailliere S. A. – Madrid, 1978.

Schalch, F.: Schluckstörungen und Facialislähmung. Gustav Fischer Verlag, Stuttgart, 1984.

Scholz, F., Arnold, J. u. *Chapman, E.:* Die Frühbehandlung der Zungen- und Lippendysfunktion beim Morbus Down mit Stimulationsplatten. Fortschr. Kieferorthop. 44 (1983), 54–56, Nr. 1.

Schuler, A.: Förderung der Mund- und Sprechmotorik. Z. Krankengymnastik (KG) 37, 1985, Nr. 8.

Segovia, M. L.: Interrelaciones entre le odontoestomatología y la fonoaudiología; la deglución atípica. Edit. méd. Panamericana, 1977.

Sergl, H. G.: Über die Zusammenarbeit zwischen Kieferorthopäden und Neurologen. Fortschr. Kieferorthop. 45 (1984), 417–427, Nr. 6.

Siemes, H. u. *Gehlhoft, M.:* Moebius-Syndrom. Pädiat. prax. 23, 249–252, 1980. Hans Marseille Verlag GmbH, München.

Smith, D. W.: Malformaciones somáticas en el niño. Editorial Pediátrica, Barcelona 1972.

Snell, R. S.: Neuroanatomía clínica. Edit. méd. Panamericana, Bs. As. 1982.

Symposium der Bundesvereinigung »Lebenshilfe für geistig Behinderte e. V.«: Plastische Chirurgie bei Menschen mit Down-Syndrom. Band 9, Große Schriftenreihe, Marburg 1983.

Testut, L. y Latarjet, A.: Tratado de anatomía humana. Salvat Editores, Bs. As. 1960.

Vojta, V.: Die zerebralen Bewegungsstörungen im Säuglingsalter; Frühdiagnose und Frühtherapie. Ferdinand Enke Verlag, Stuttgart 1981.

Weyman, J.: Odontología para niños impedidos. Edit. Mundi, August 1976.

Wilken, E.: Sprachförderung bei Kindern mit Down-Syndrom. Ed. Carl Marhold Verlagsbuchhandlung, Berlin 1979.

Wirth, G.: Sprachstörungen – Sprechstörung – kindliche Hörstörungen. Deutscher Ärzte-Verlag, Köln 1983.